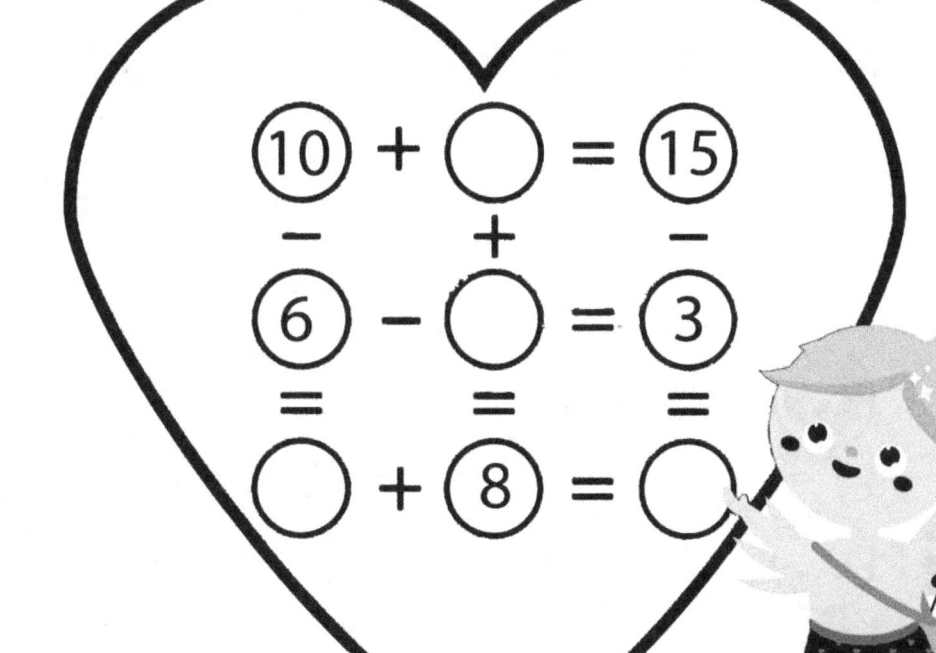

Write missing numbers:

This Book Belongs To:
_____

_____

_____

_____

Fill the gaps to complete the sums:

1. ◯ + ⑥ = ⑦

2. ⑩ − ◯ = ⑨

3. ④ − ◯ = ②

4. ◯ + ③ = ⑤

5. ◯ + ④ = ⑭

6. ◯ − ① = ⑧

Write (+) or (−) to complete equations:

1 ☐ 6 = 7   3 ☐ 2 = 5

3 ☐ 5 = 8   2 ☐ 7 = 9

6 ☐ 5 = 1   6 ☐ 1 = 5

9 ☐ 2 = 7   8 ☐ 6 = 2

5 ☐ 4 = 9   7 ☐ 2 = 9

Fill the gaps to complete the sums:

☐ + ☐ + ☐ = 17
+   +   +
☐ + 9 + ☐ = 17
+   +   +
☐ + ☐ + ☐ = 17
=   =   =
17   17   17

Write (+) or (−) to complete equations:

4 □ 1 = 5   3 □ 6 = 9
5 □ 4 = 1   7 □ 6 = 1
6 □ 3 = 3   2 □ 6 = 8
7 □ 2 = 9   9 □ 1 = 8
4 □ 3 = 7   5 □ 2 = 7

Fill the gaps to complete the sums:

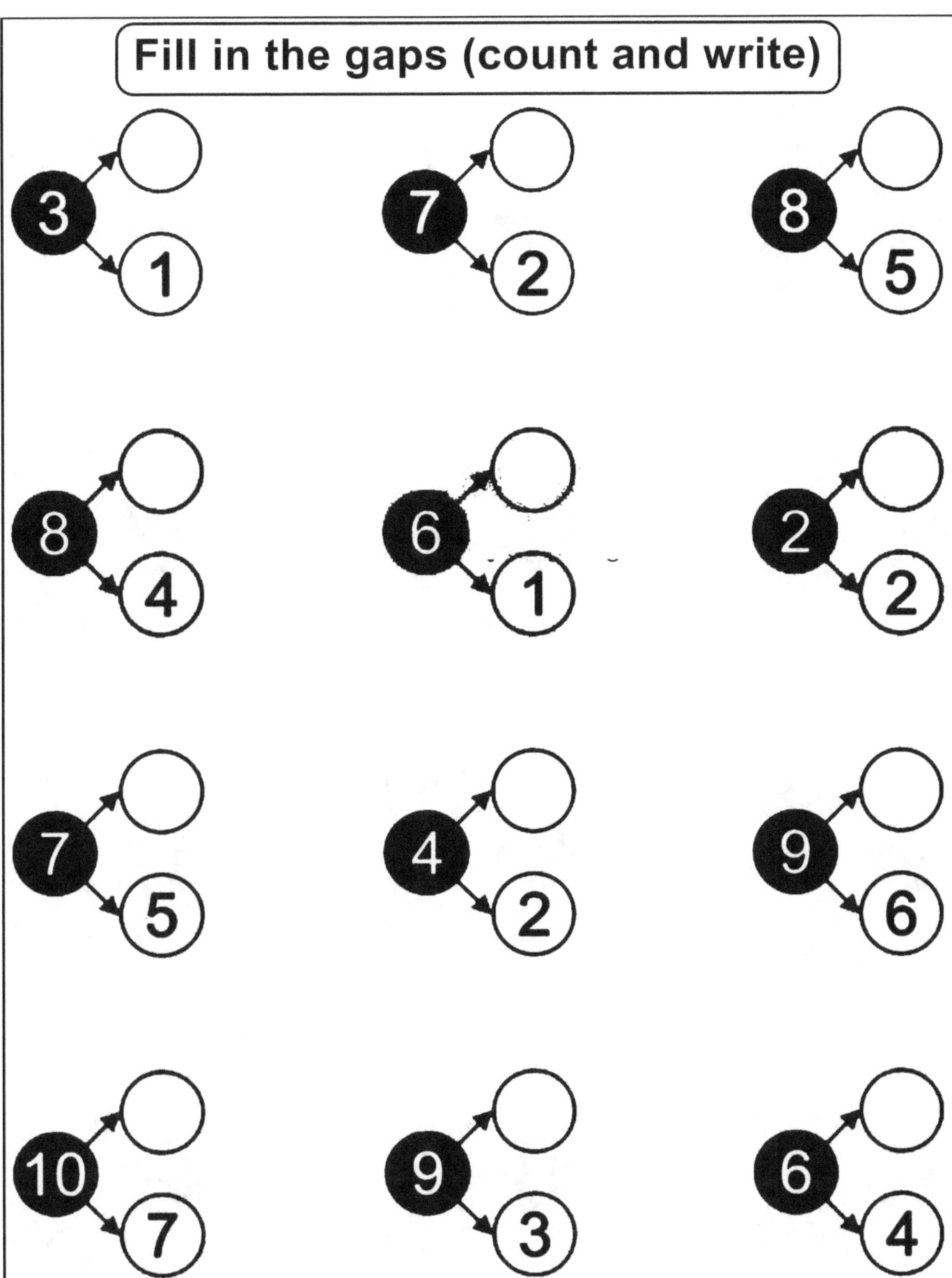

Fill in the gaps (count and write)

9 → 8, ◯	8 → 7, ◯	10 → 5, ◯
5 → ◯, 4	7 → ◯, 5	8 → ◯, 2
6 → 3, ◯	2 → 1, ◯	9 → 3, ◯
10 → ◯, 6	7 → ◯, 1	8 → ◯, 4

Fill in the gaps (count and write)

3 → ◯, 2   4 → ◯, 2   5 → ◯, 3

6 → 2, ◯   1 → 1, ◯   9 → 1, ◯

8 → ◯, 1   4 → ◯, 3   6 → ◯, 4

7 → 2, ◯   6 → 1, ◯   5 → 4, ◯

Fill in the gaps (count and write)

 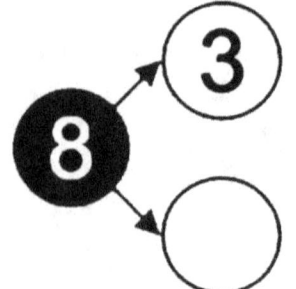 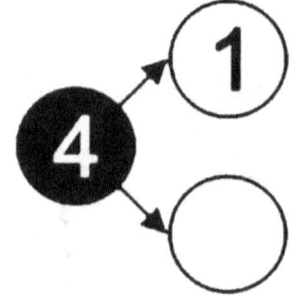

 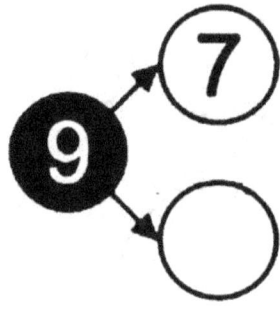 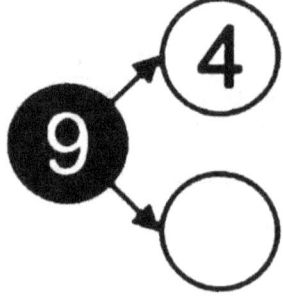

 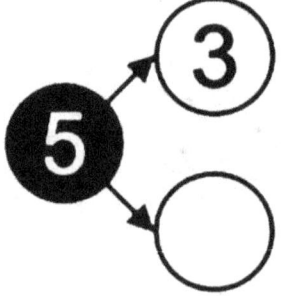 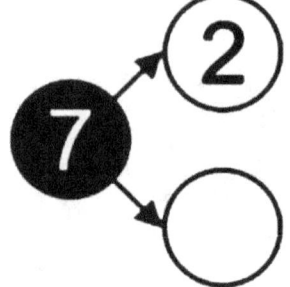

  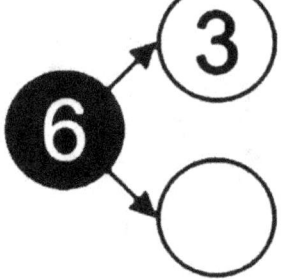

Fill the gaps to complete the sums:

1. ◯ + ① = ④
2. ⑩ − ◯ = ⑧

3. ◯ − ⑦ = ②
4. ⑨ + ◯ = ⑫

5. ◯ − ④ = ③
6. ⑪ − ◯ = ⑤

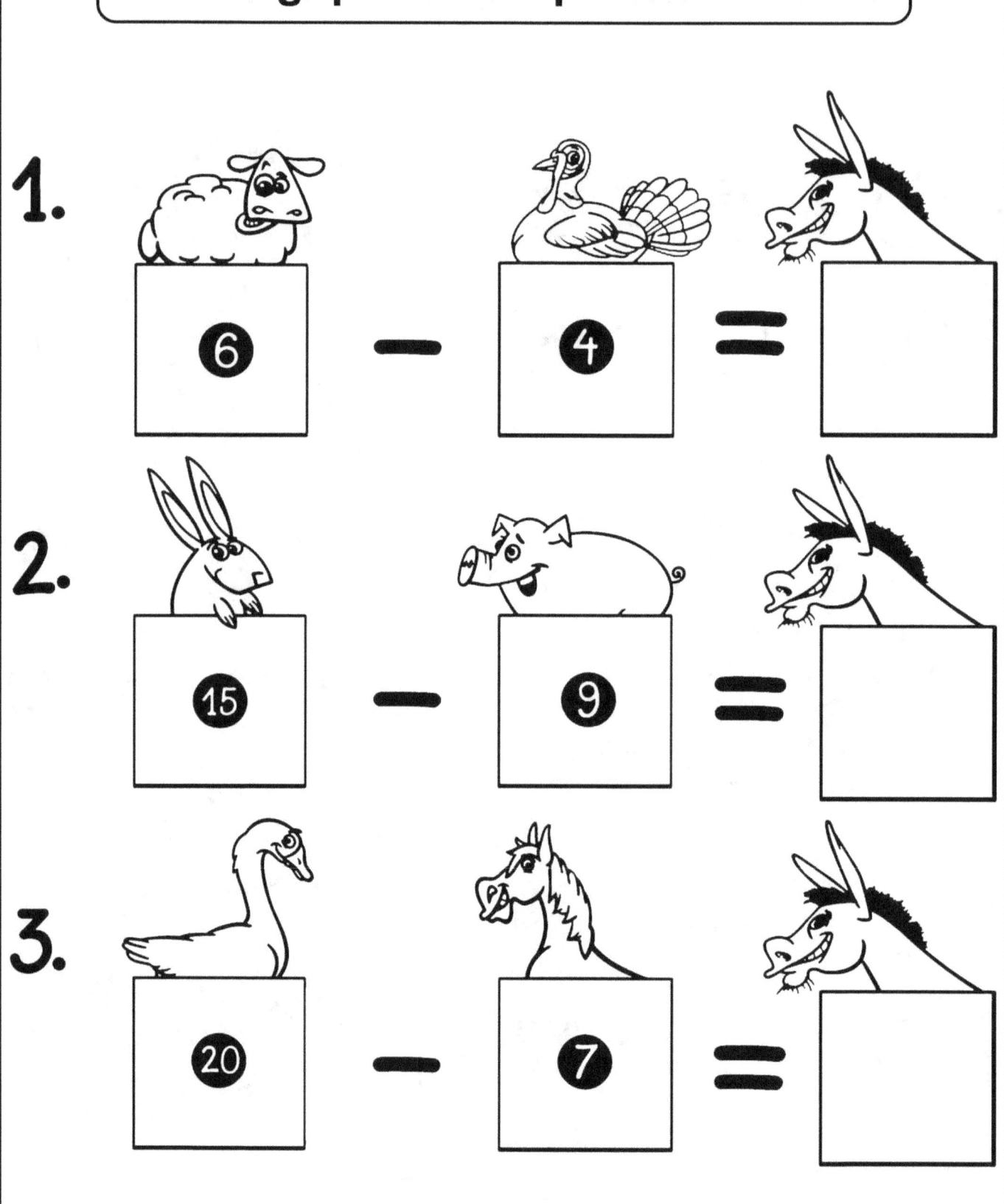

Fill the gaps to complete the sums:

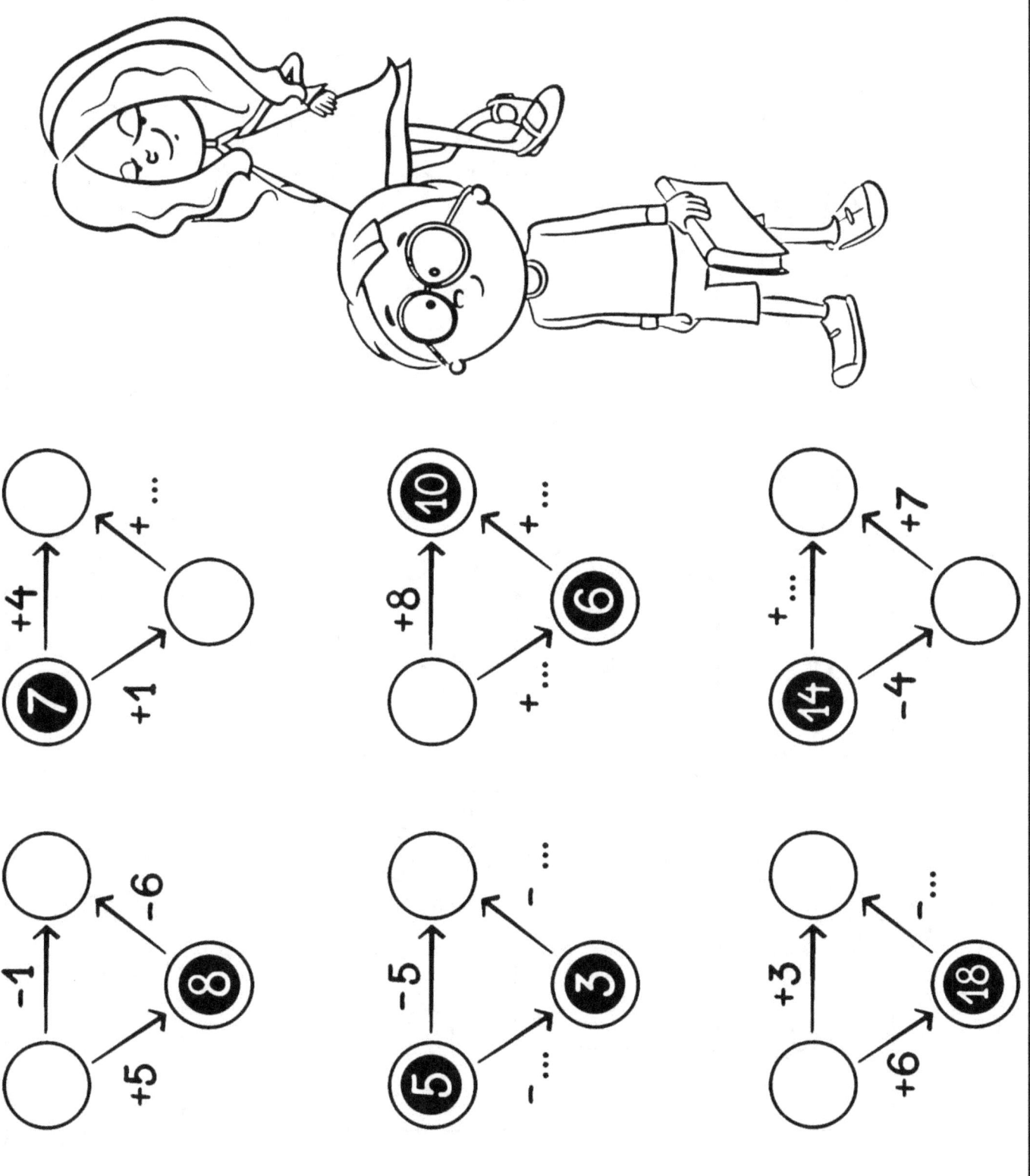

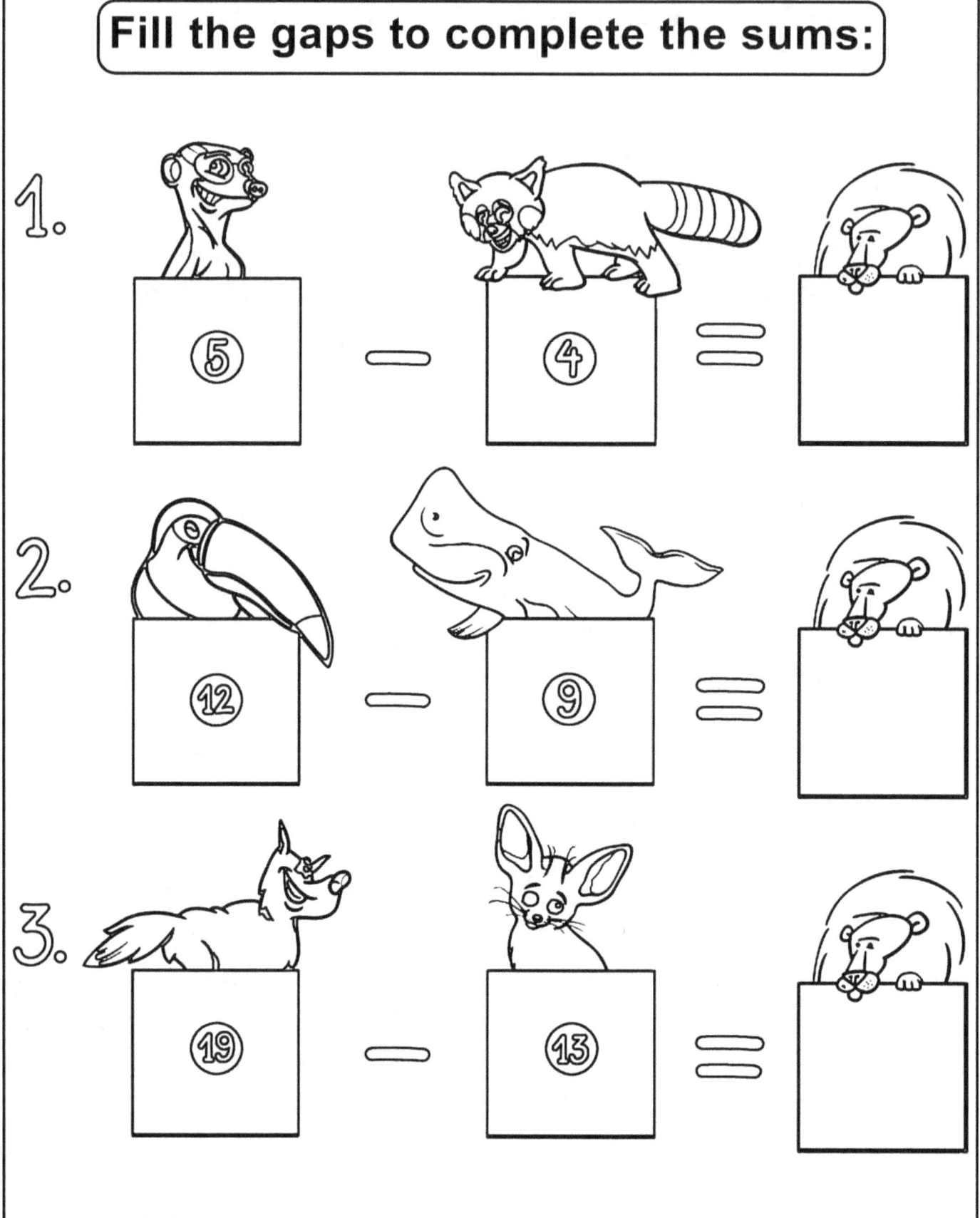

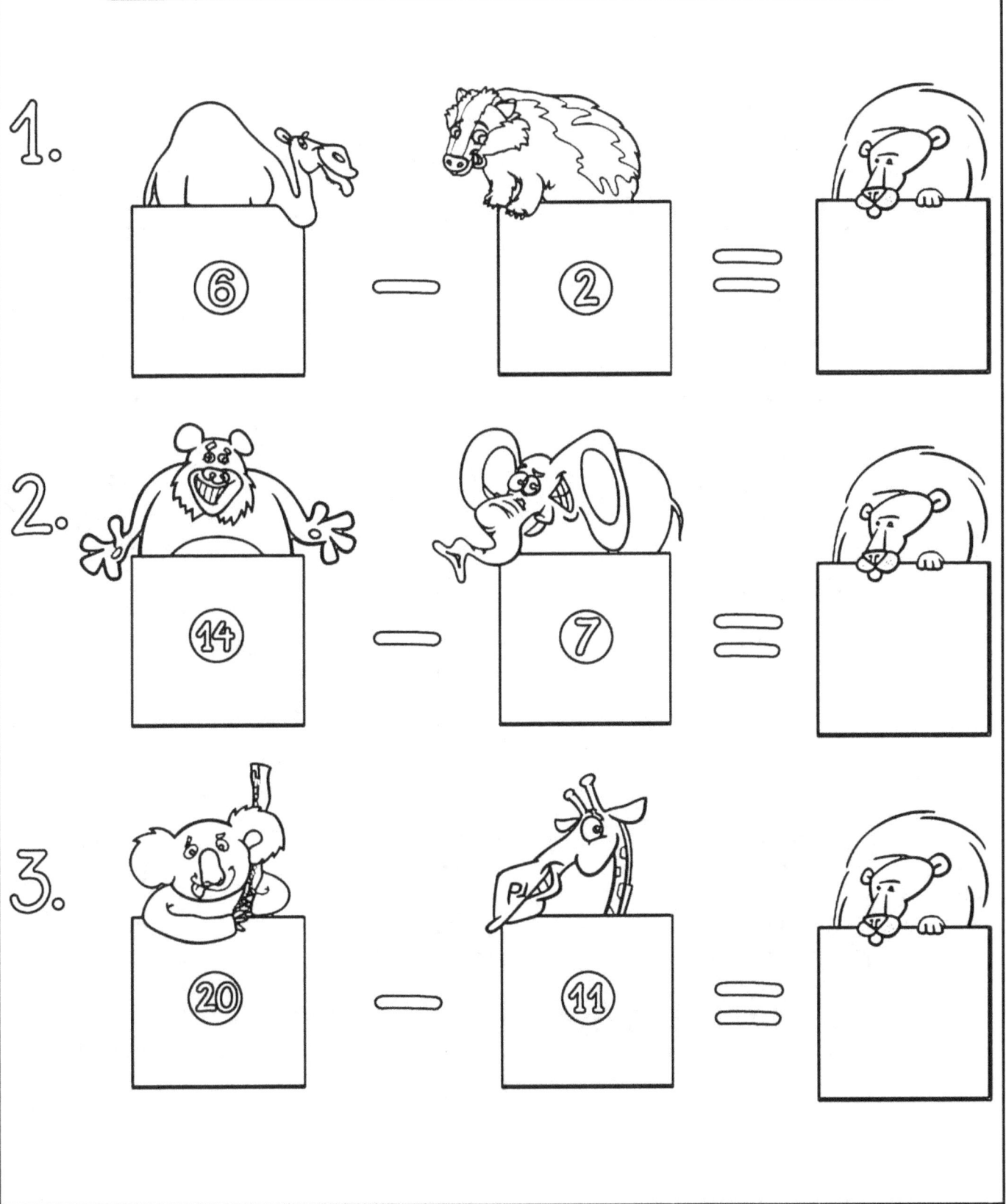

Fill the gaps to complete the sums:

Fill the gaps to complete the sums:

Fill the gaps to complete the sums:

Fill the gaps to complete the sums:

☐ + ☐ + ☐ = 13
+   +   +
☐ + 7 + ☐ = 13
+   +   +
☐ + ☐ + ☐ = 13
=   =   =
13   13   13

Fill the gaps to complete the sums:

☐ + ☐ + ☐ = 11

\+   +   +

☐ + 4 + ☐ = 11

\+   +   +

☐ + ☐ + ☐ = 11

=   =   =

11   11   11

Fill in the missing numbers:

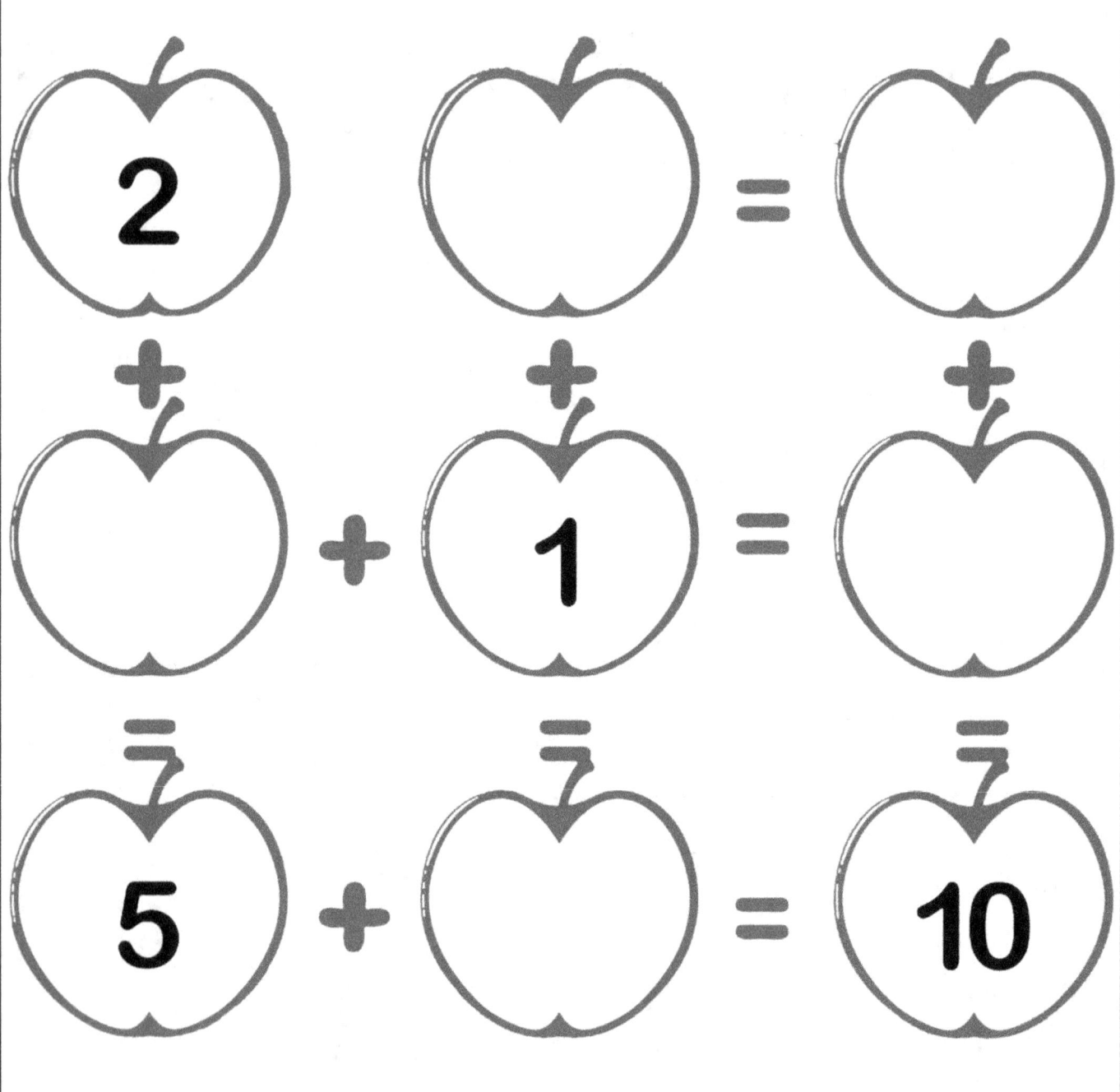

Fill the gaps to complete the sums:

☐ + ☐ + ☐ = 14
+   +   +
☐ + 7 + ☐ = 14
+   +   +
☐ + ☐ + ☐ = 14
=   =   =
14   14   14

Fill the gaps to complete the sums:

☐ + ☐ + ☐ = 19
+   +   +
☐ + 10 + ☐ = 19
+   +   +
☐ + ☐ + ☐ = 19
=   =   =
19   19   19

Fill the gaps to complete the sums:

☐ + ☐ + ☐ = 18
+   +   +
☐ + 9 + ☐ = 18
+   +   +
☐ + ☐ + ☐ = 18
=   =   =
18   18   18

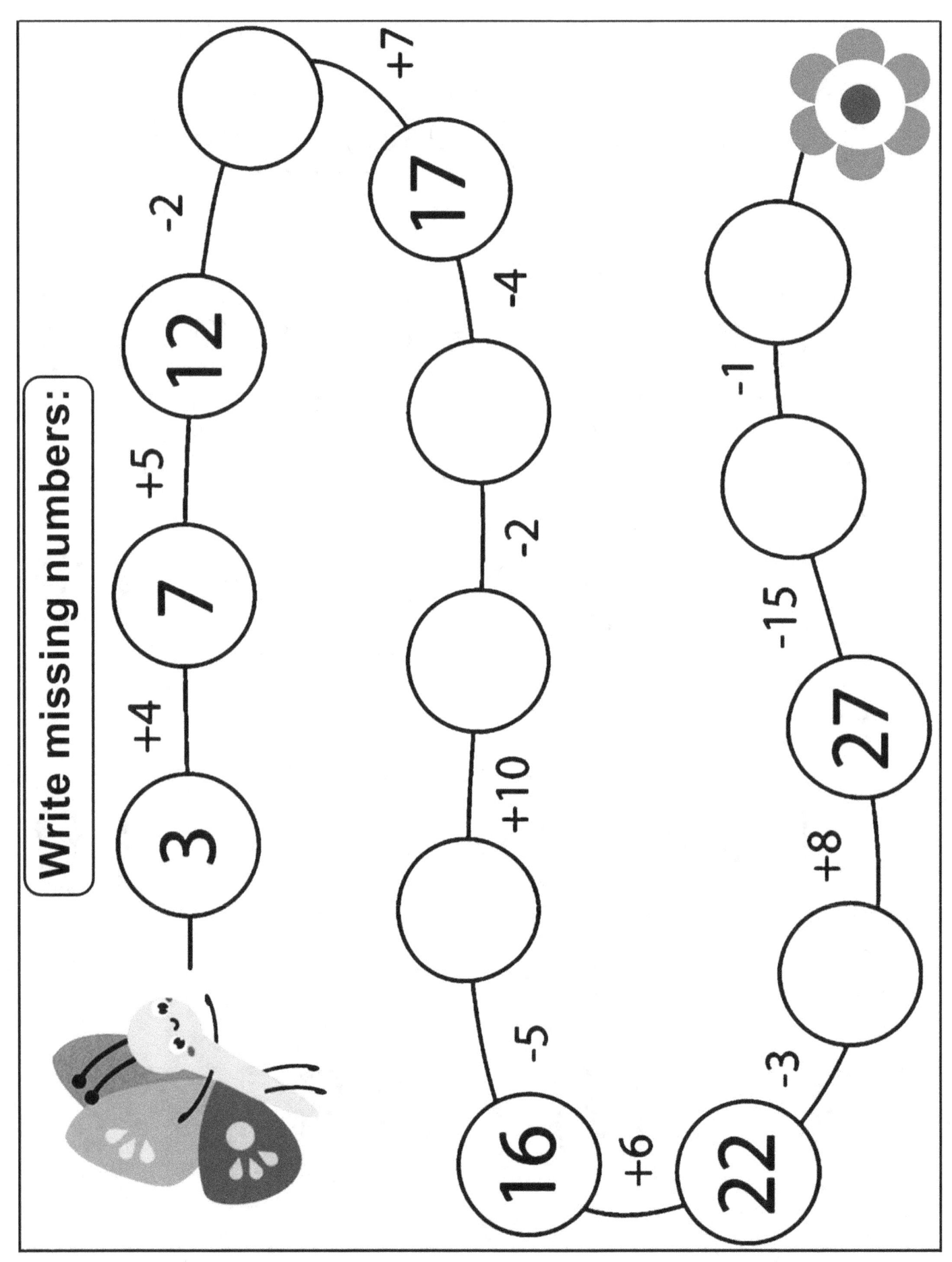

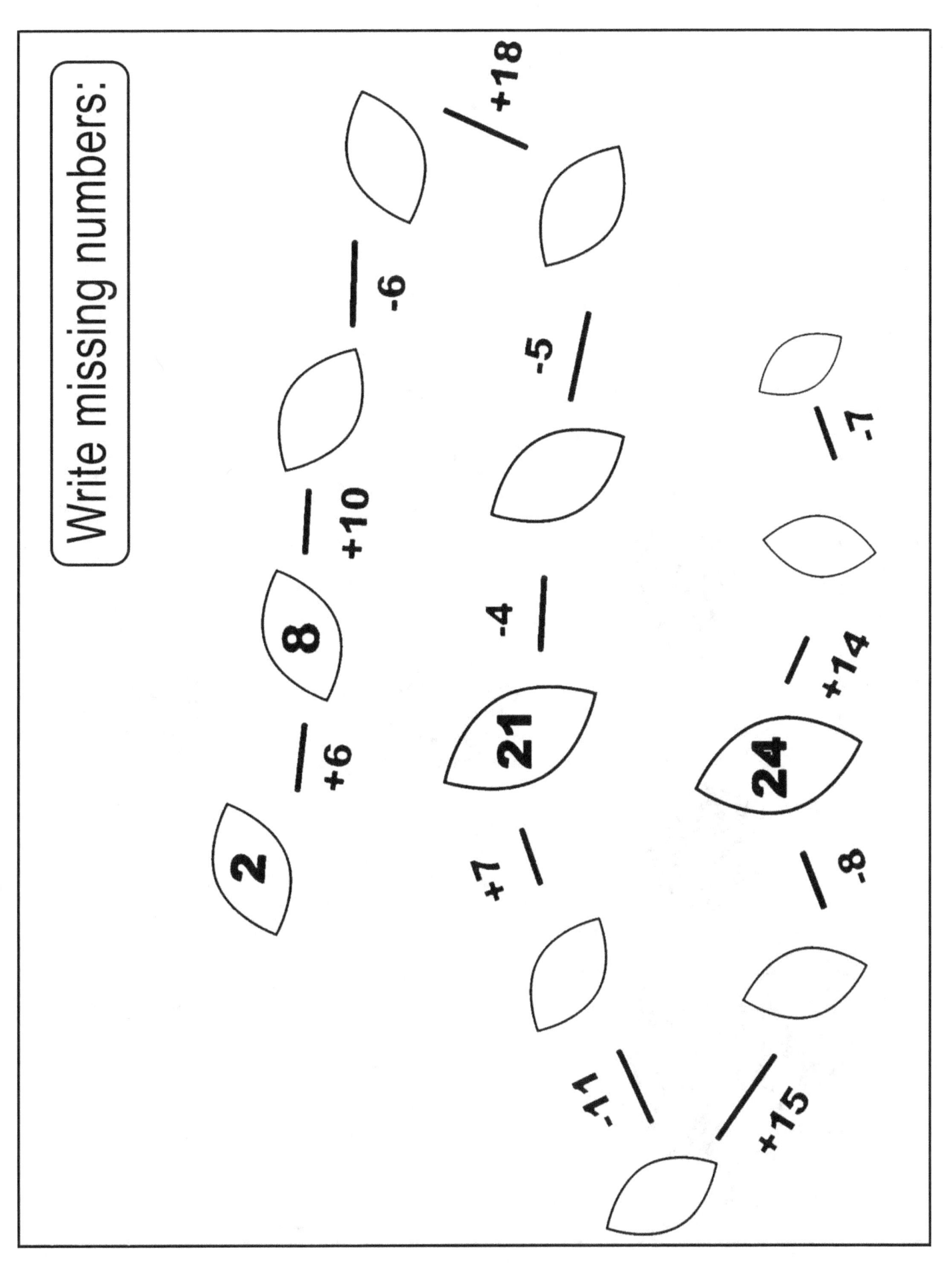

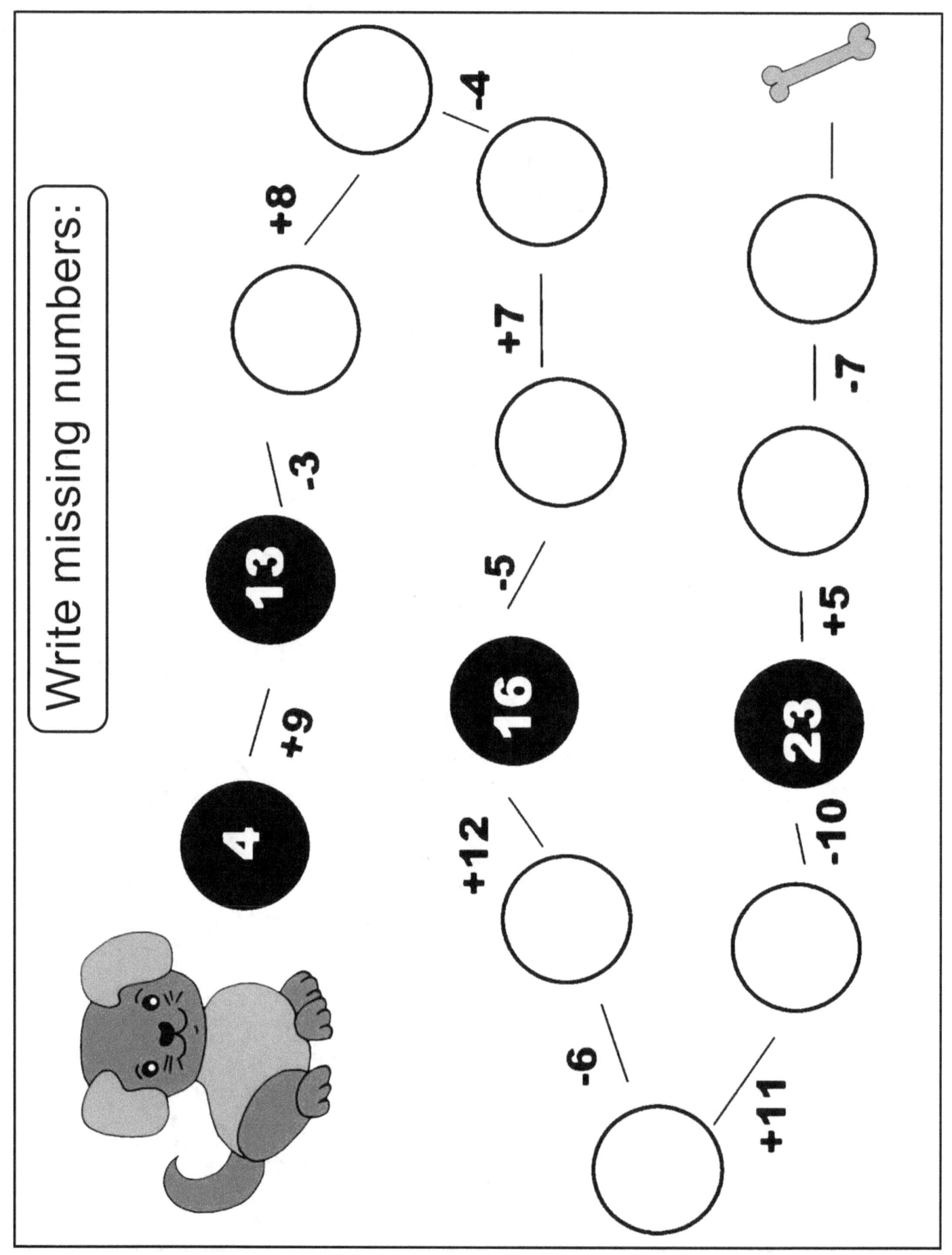

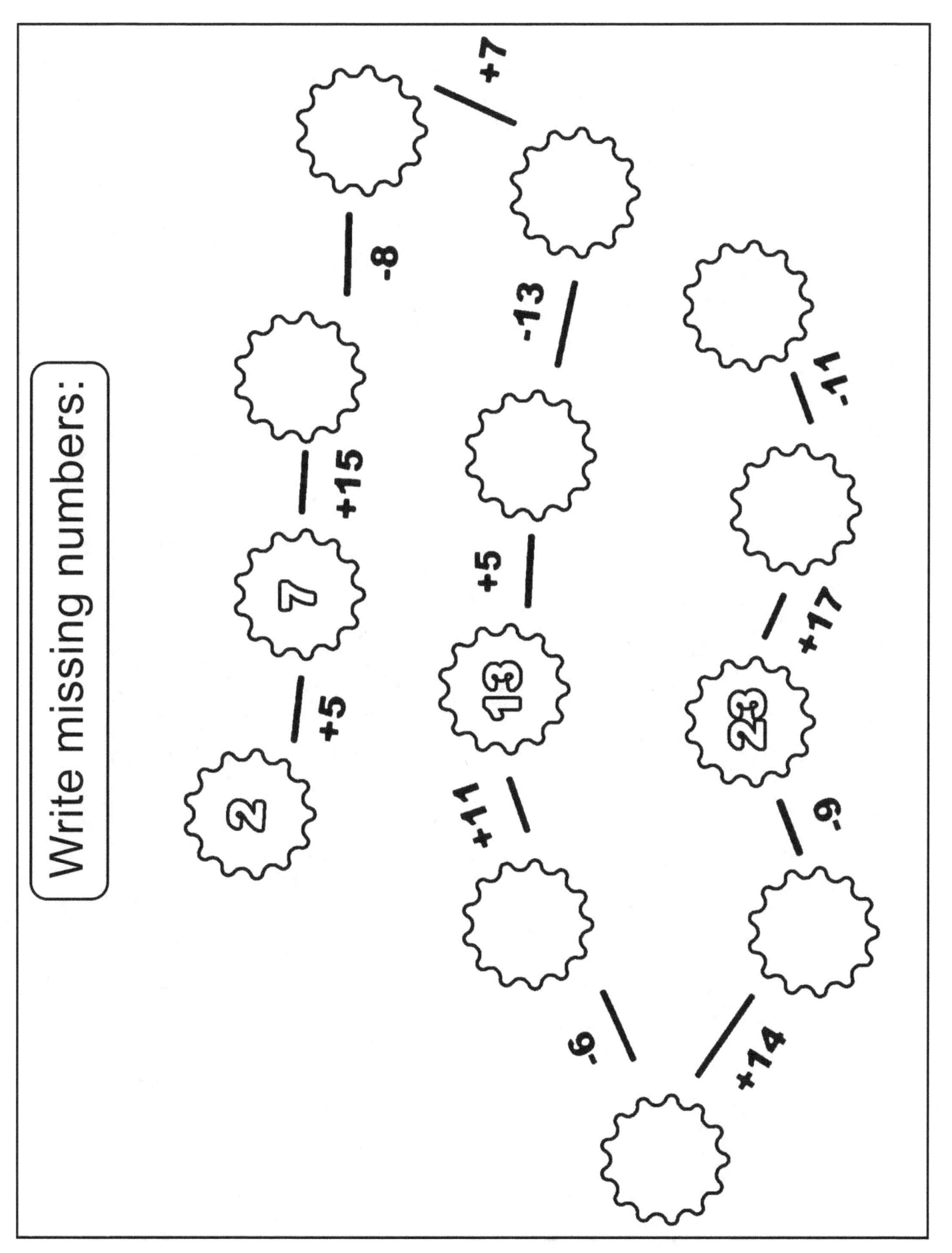

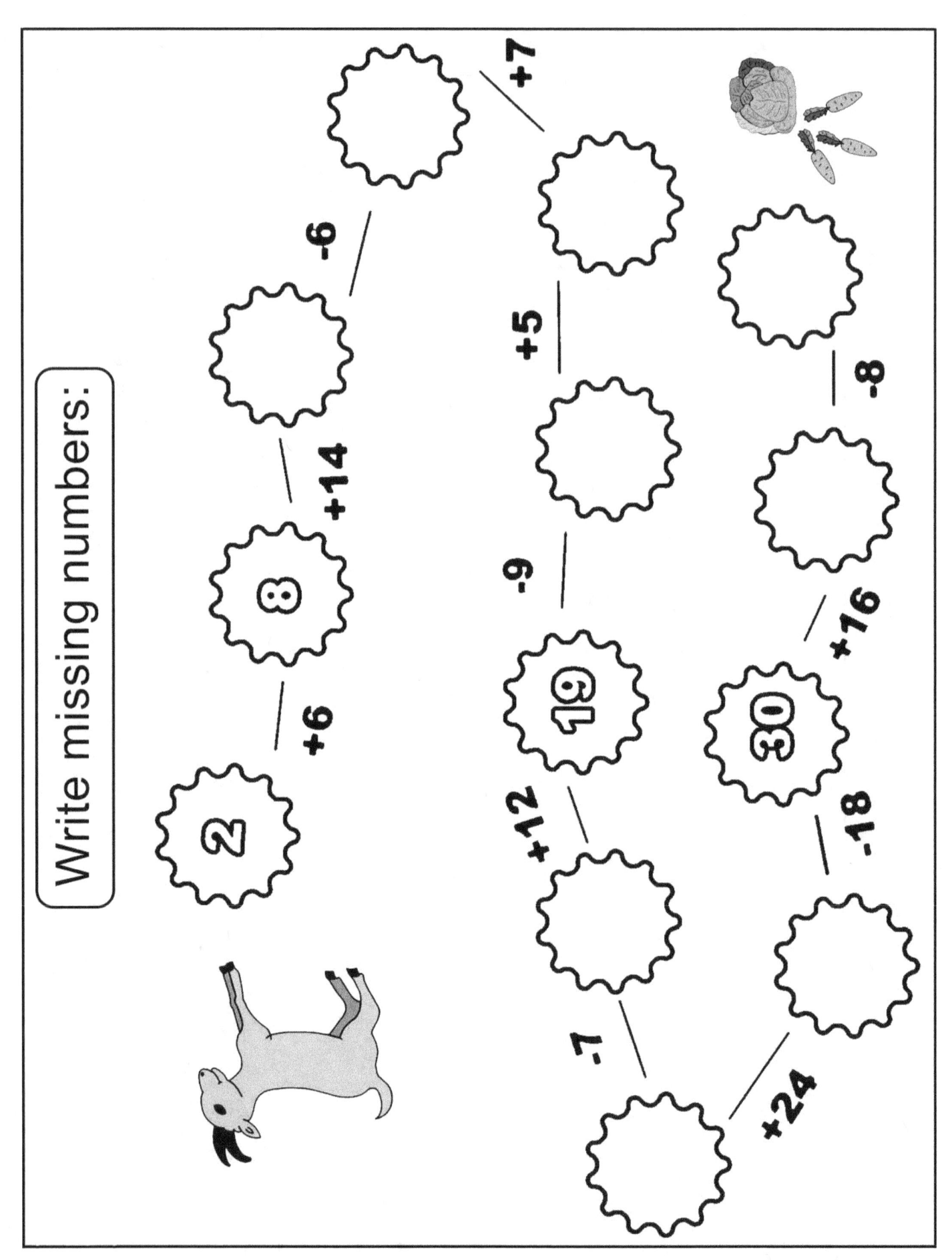

Write missing numbers:

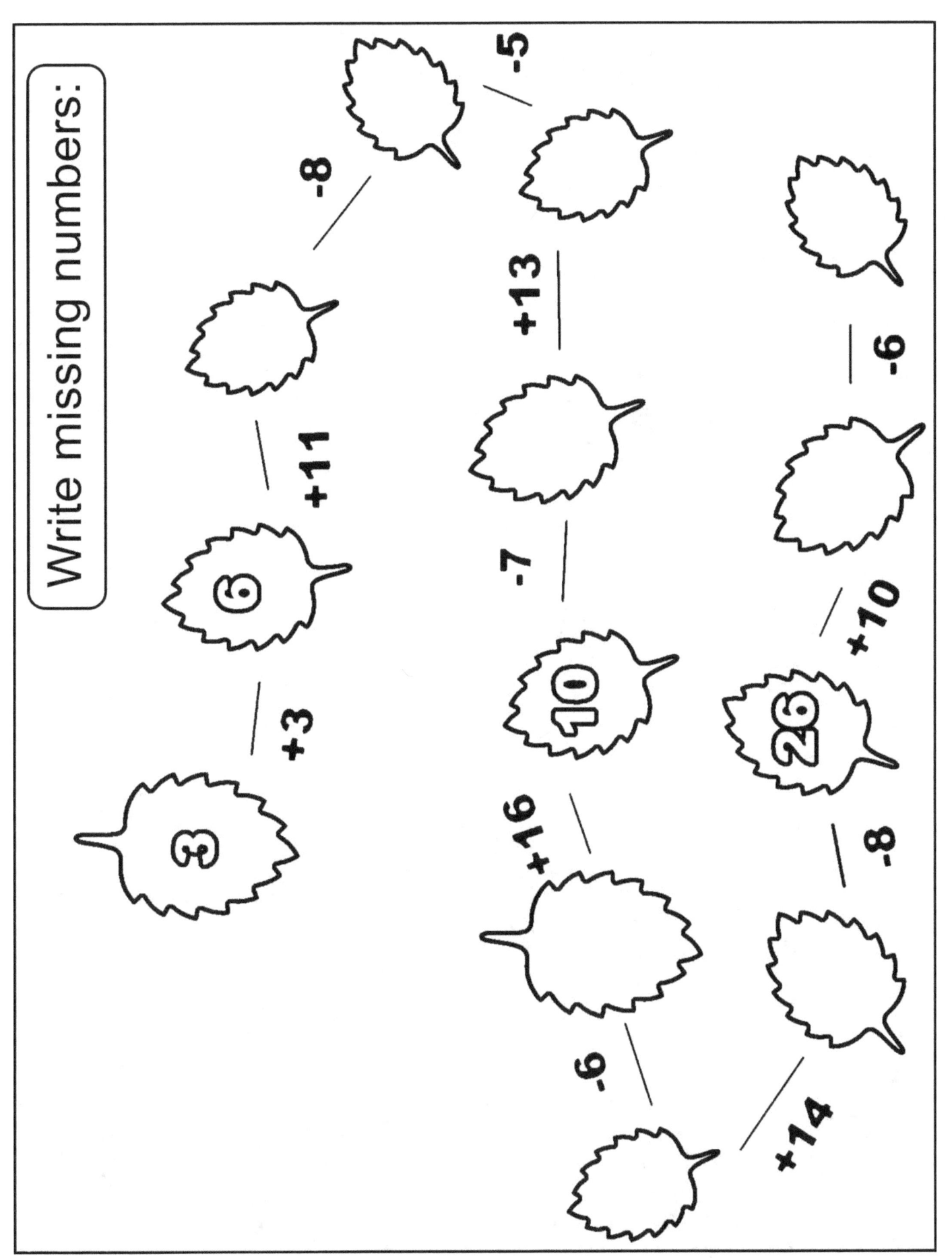

Write missing numbers:

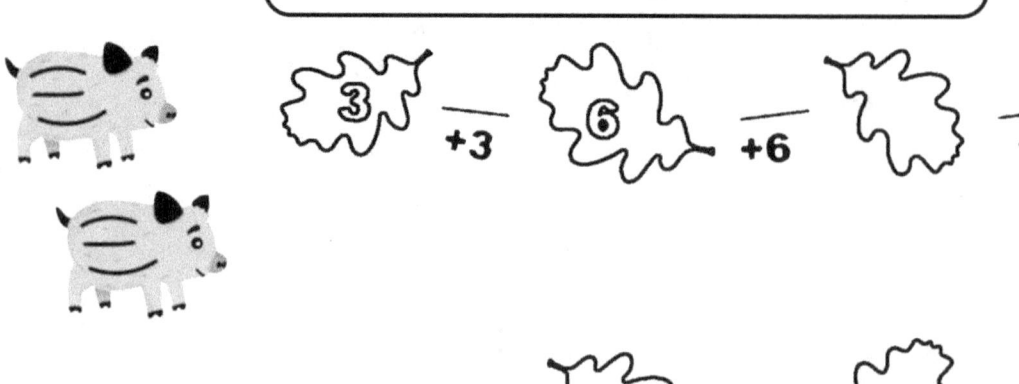

3 →+3→ 6 →+6→ ☐ →-3→ ☐
☐ +11
☐ →+9→ 33 →+7→ ☐ →-8→ ☐ →+14→ ☐
+8
☐ →-8→ ☐ →-5→ ☐ →+17→ ☐
-6
☐ →-6→ ☐ →+9→ 43 →-17→ ☐ →+12→ ☐
-2
☐ →+7→ ☐ →-4→

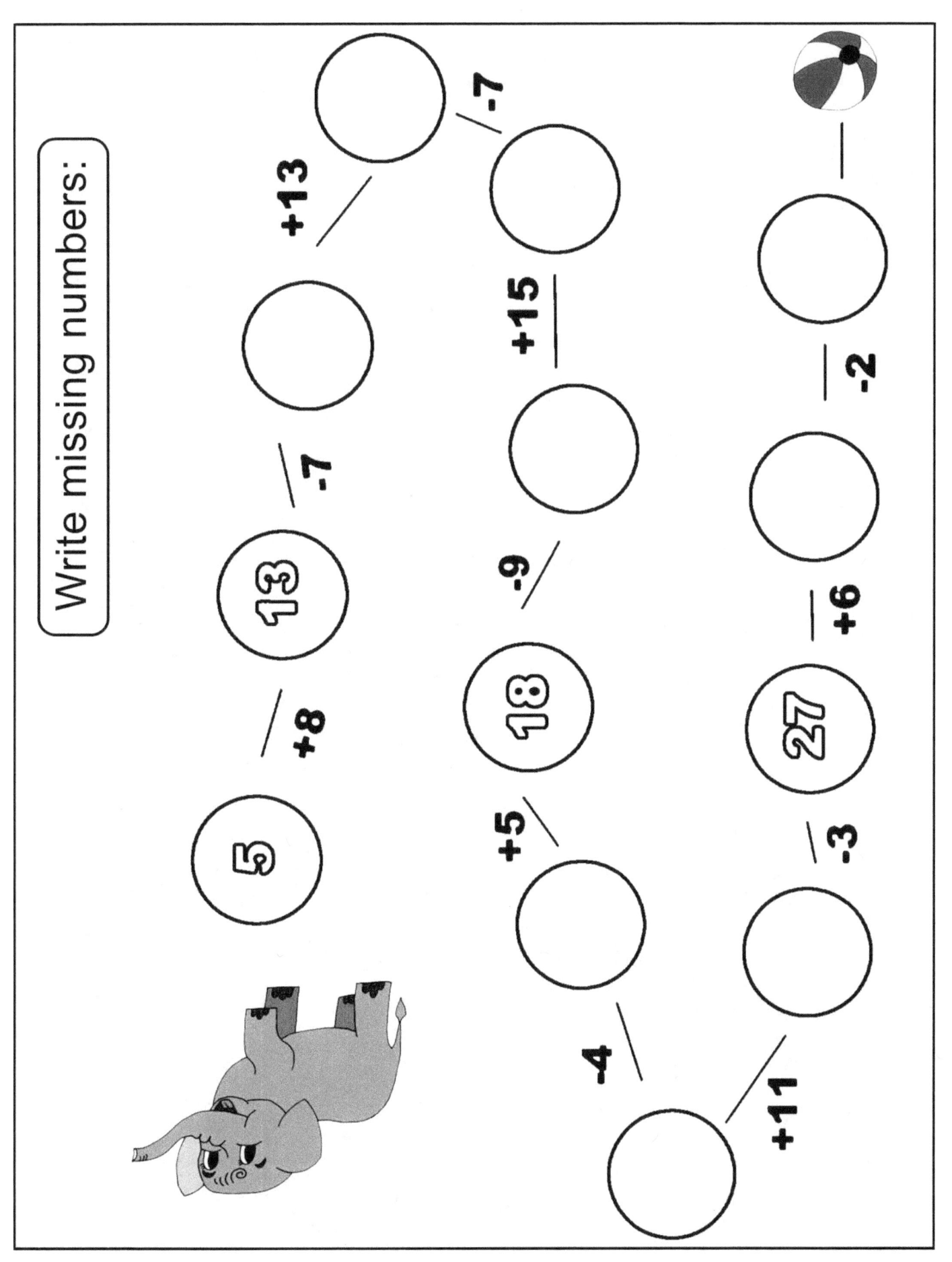

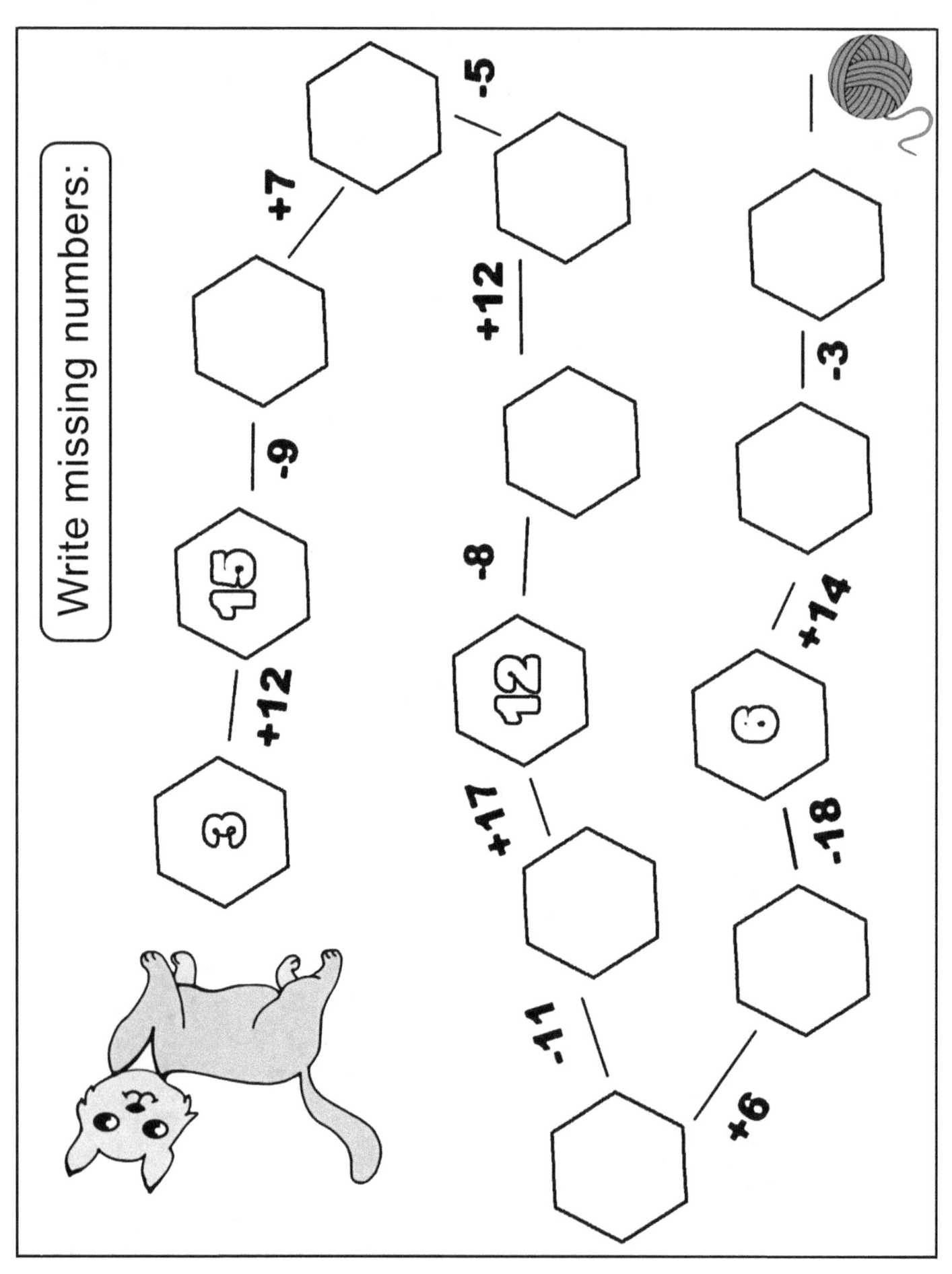

Write missing numbers:

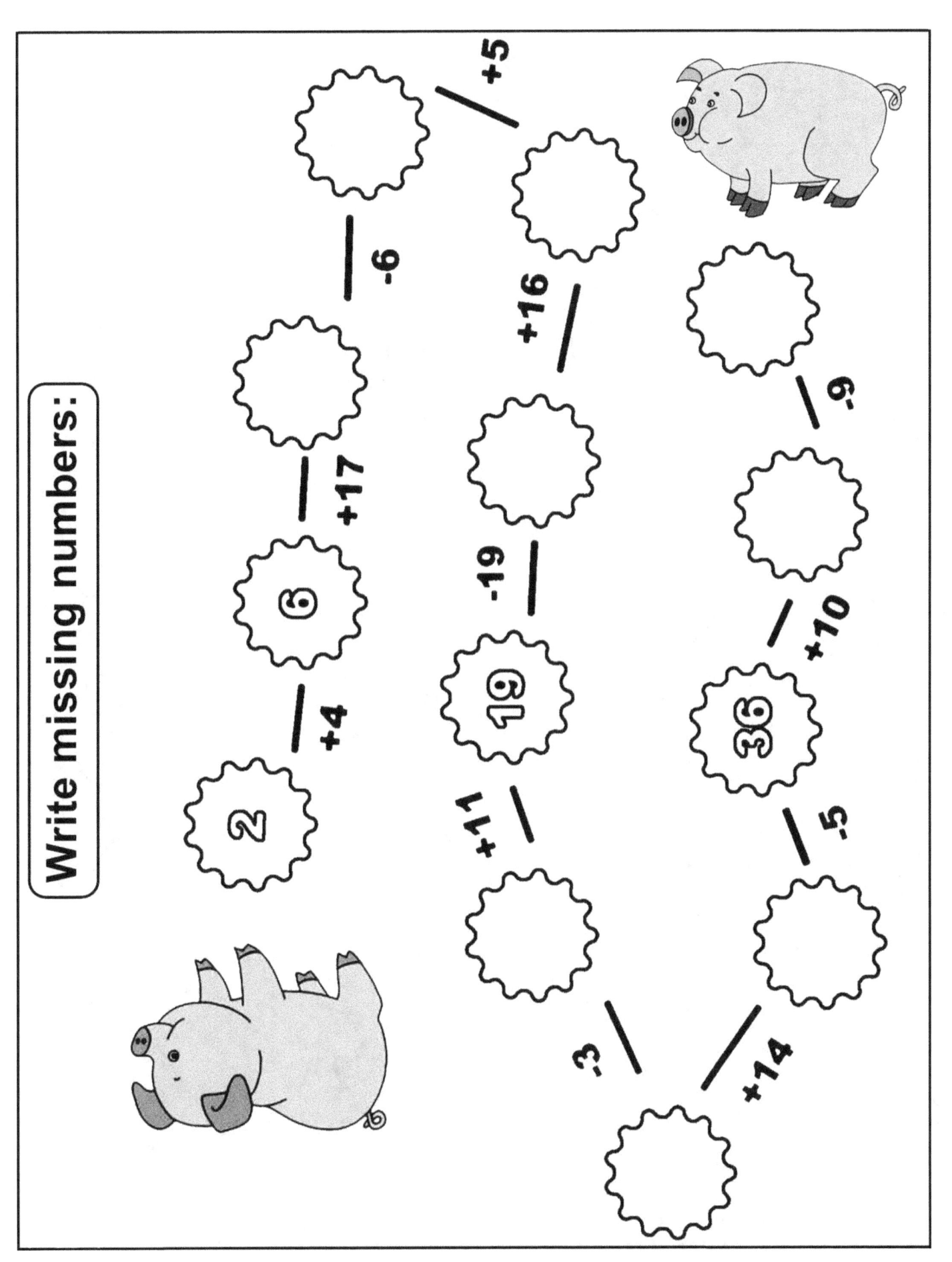

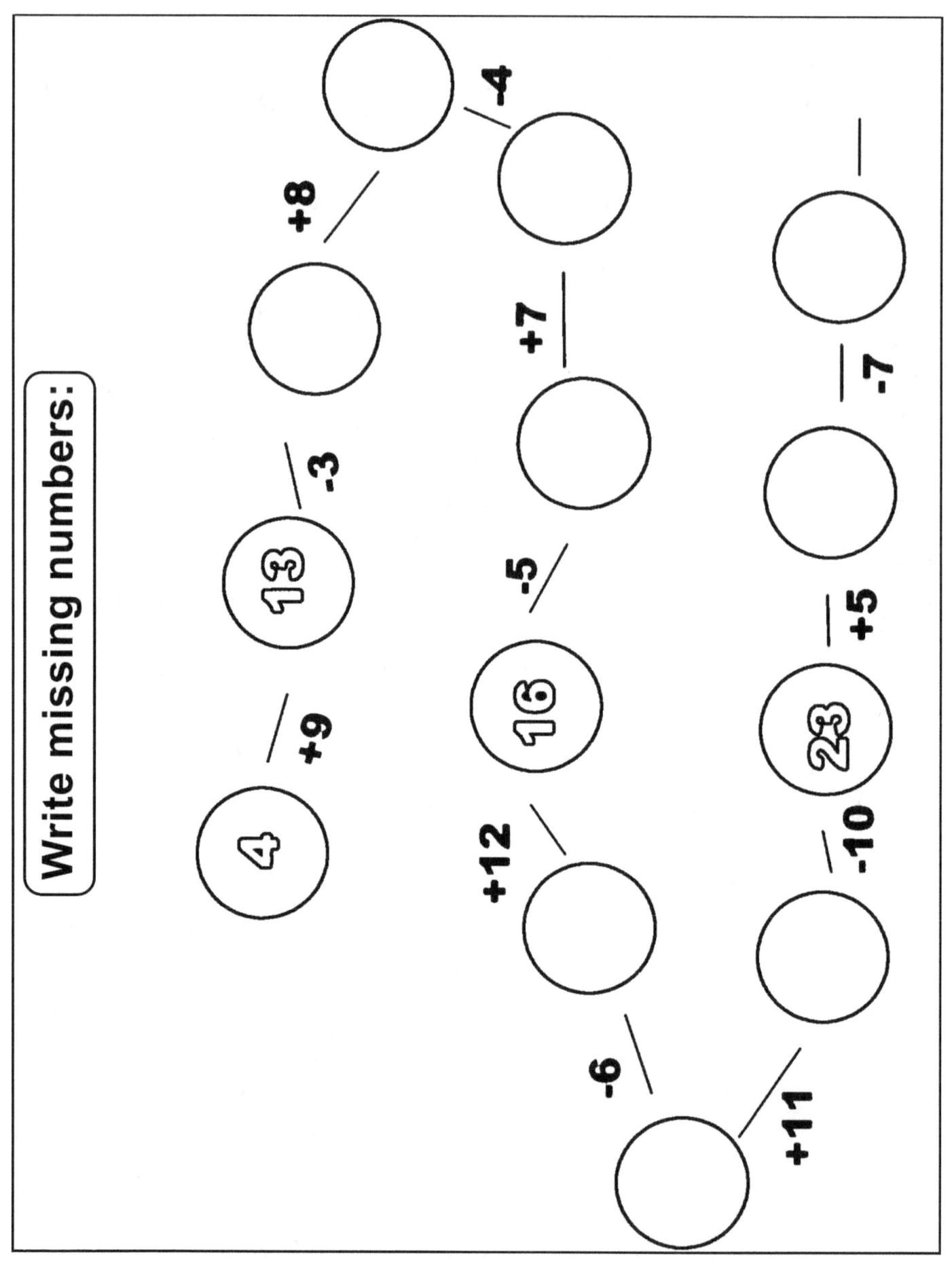

Write missing numbers:

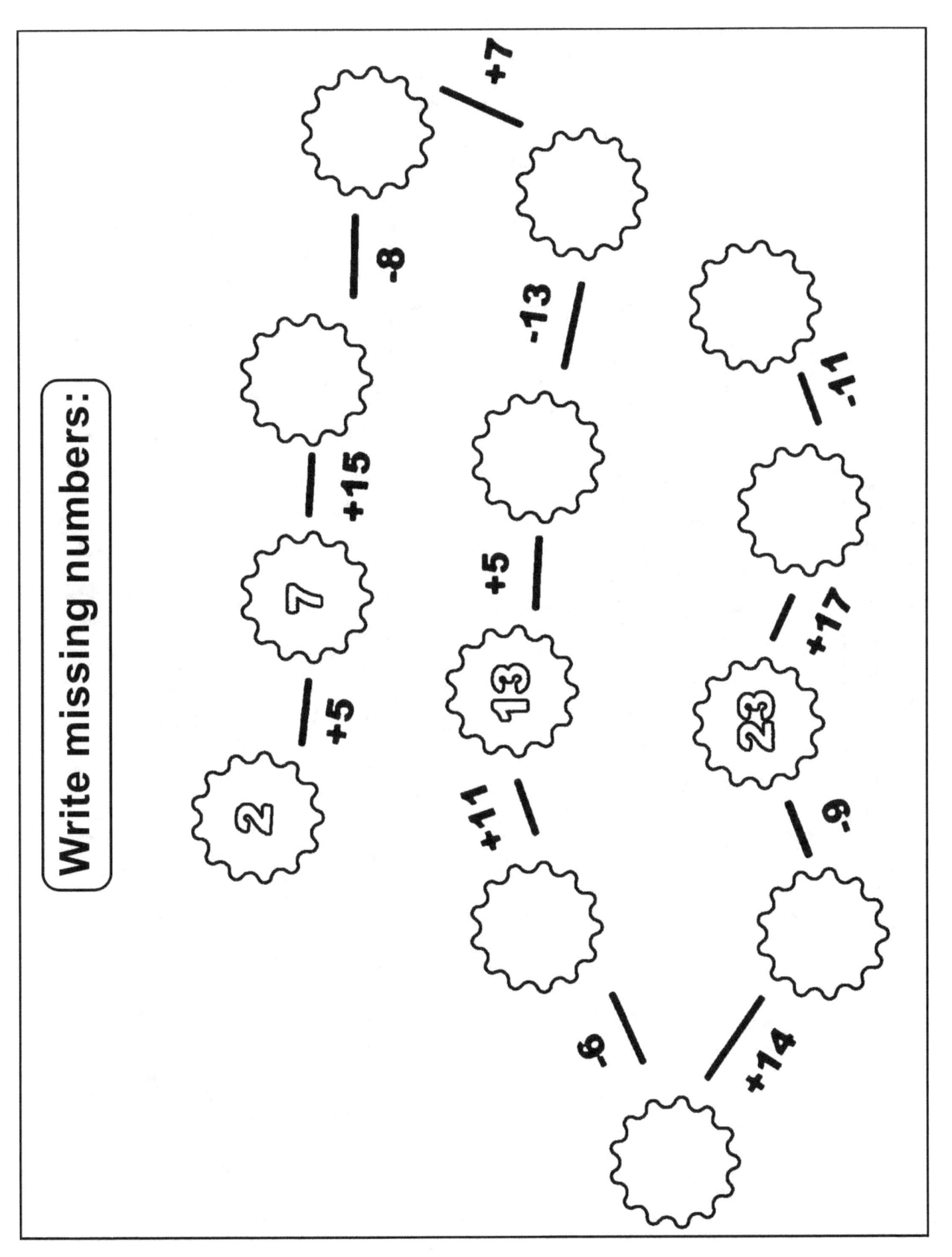

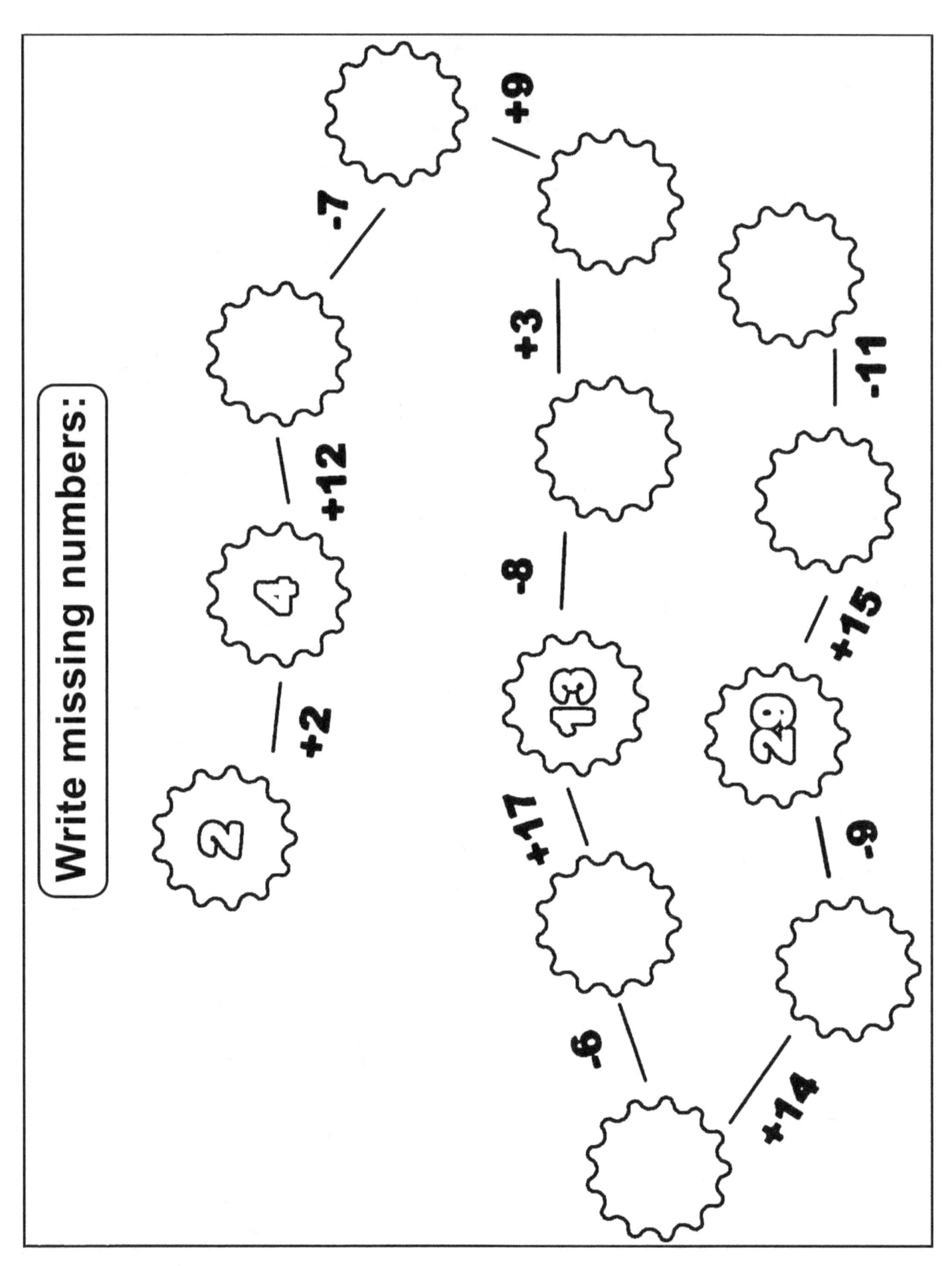

Write missing numbers:

4 +2→ 6 +6→ __ −7→ __ +13→ __ −9→ __ +16→ 25 −11→ __ +3→ __ +9→ __ −4→ 22 +8→ __ −15→ __

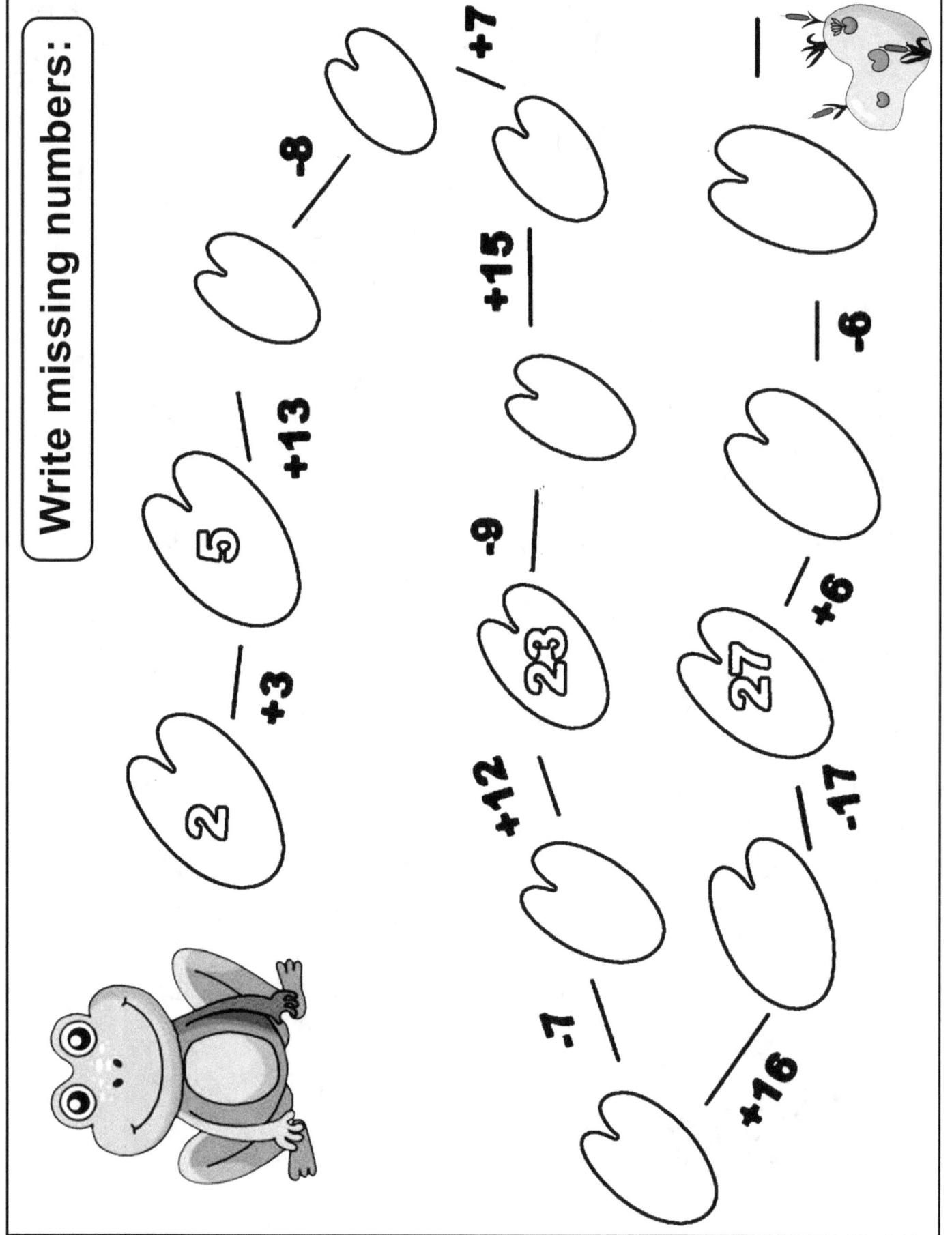

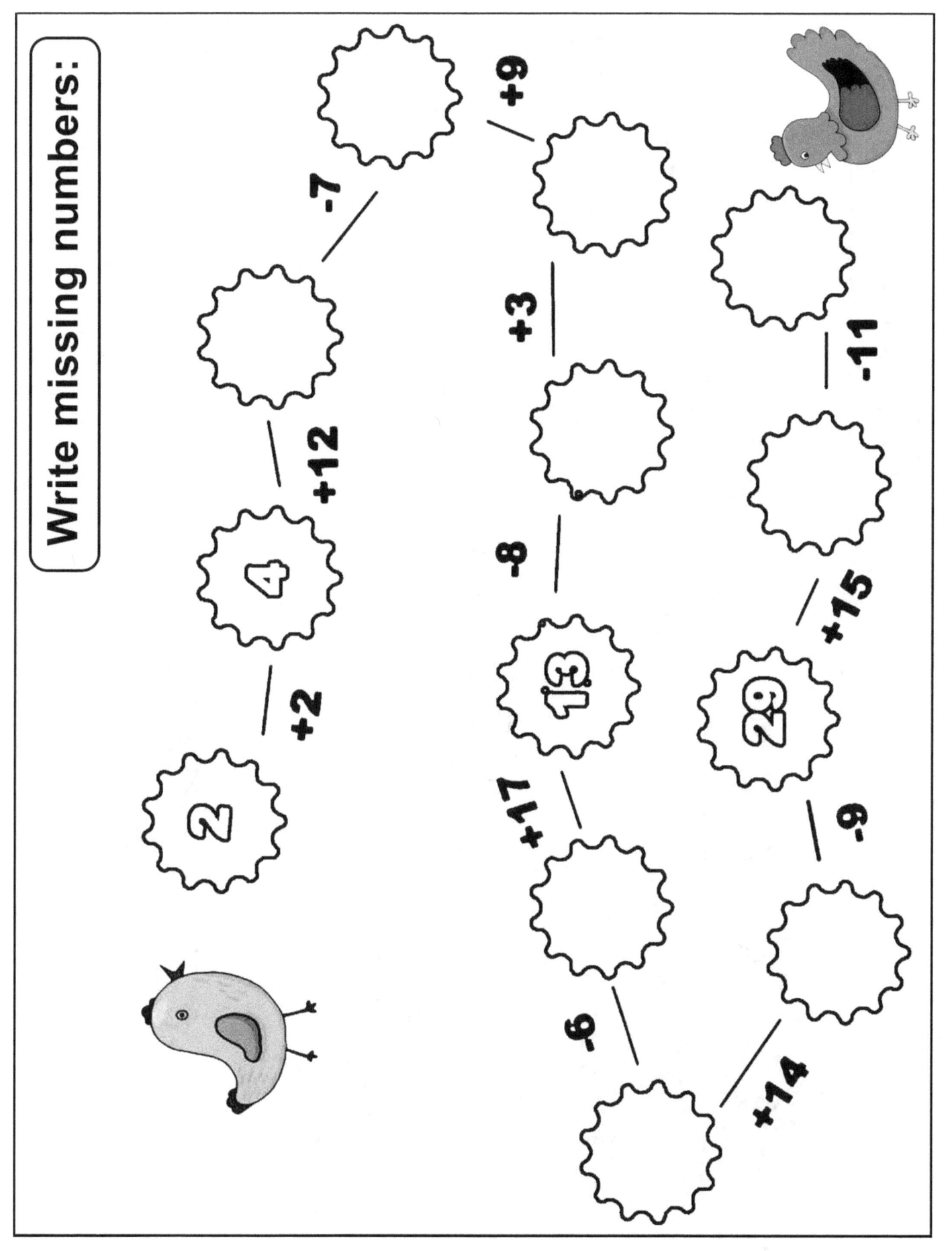

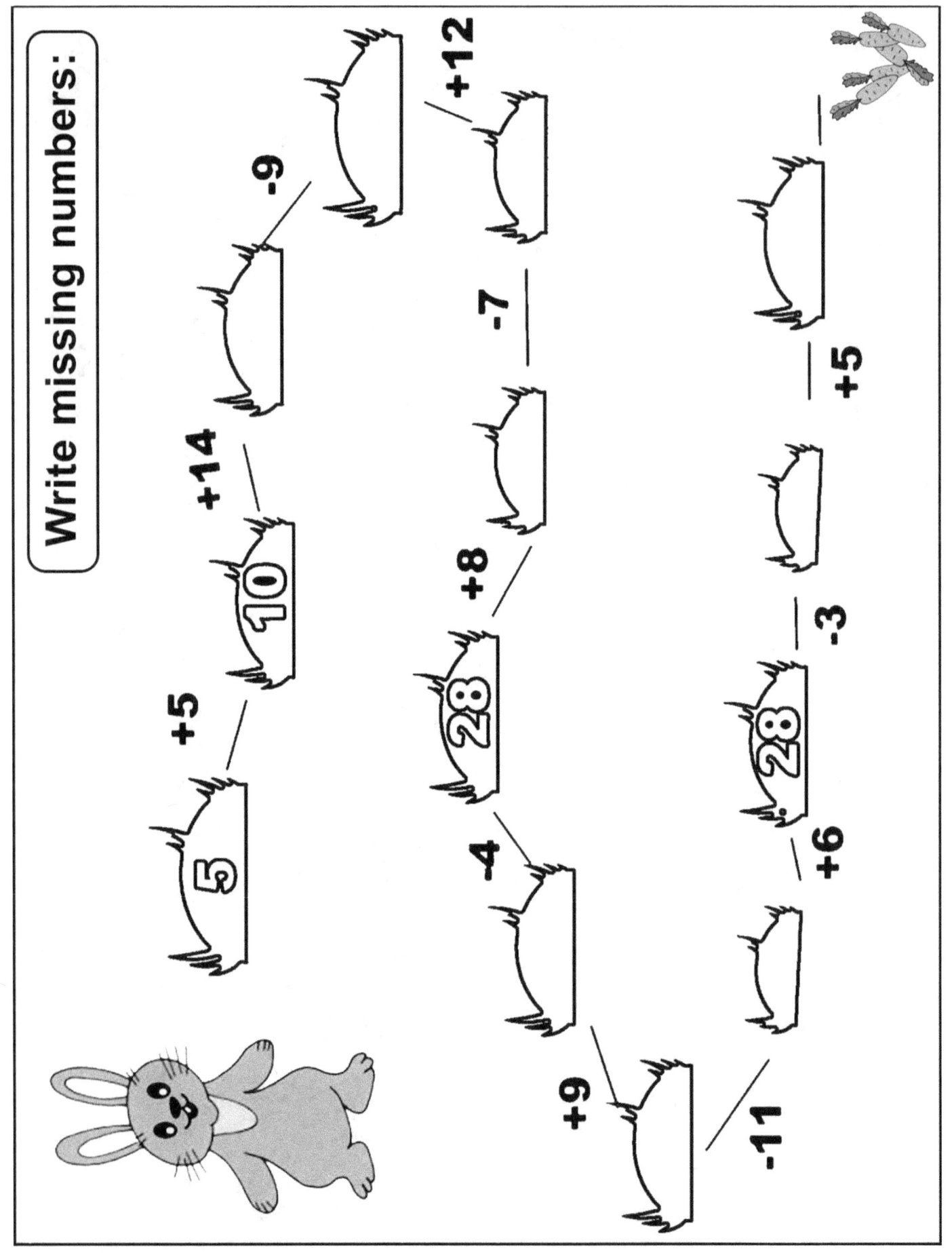

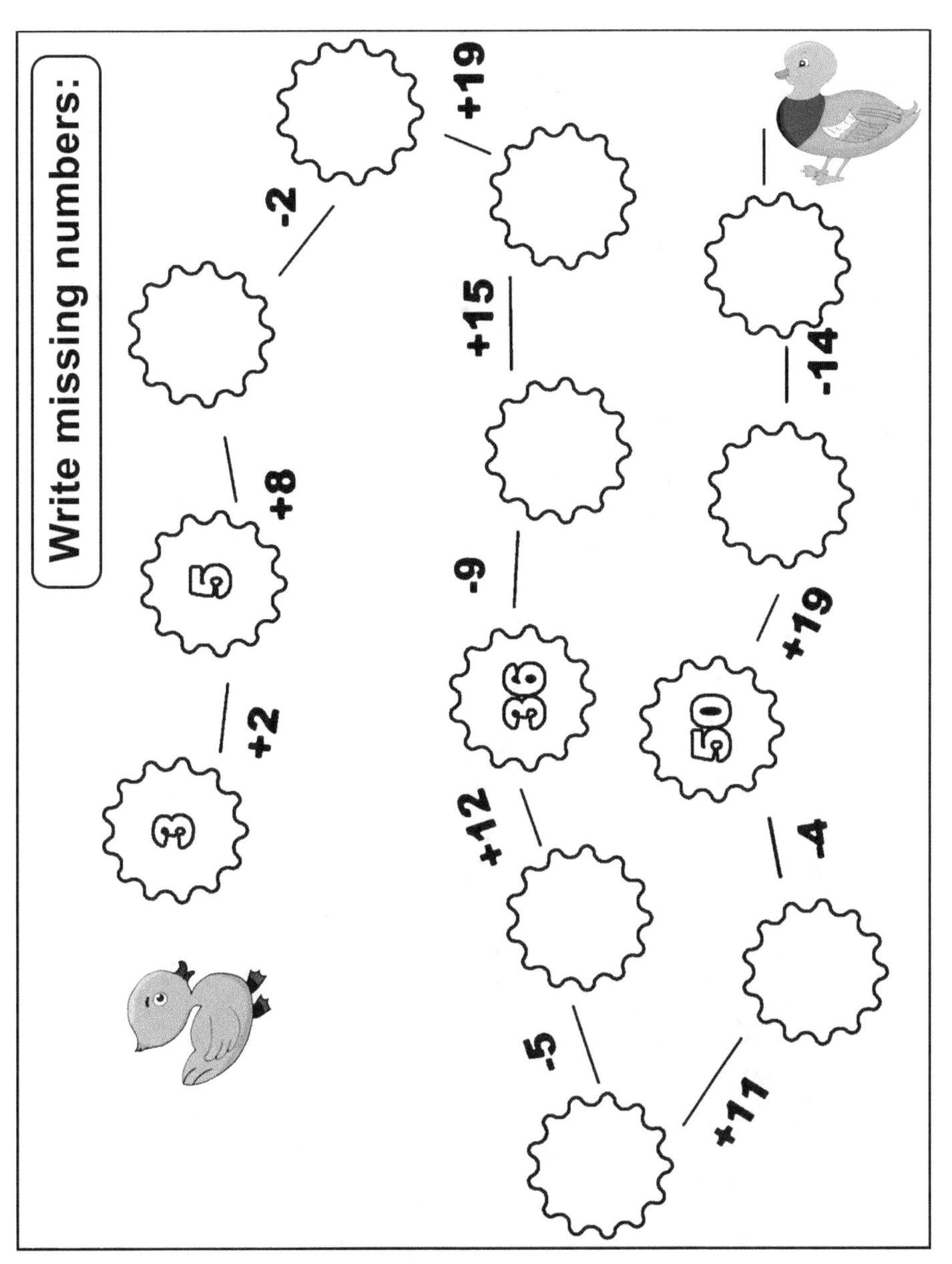

Write missing numbers:

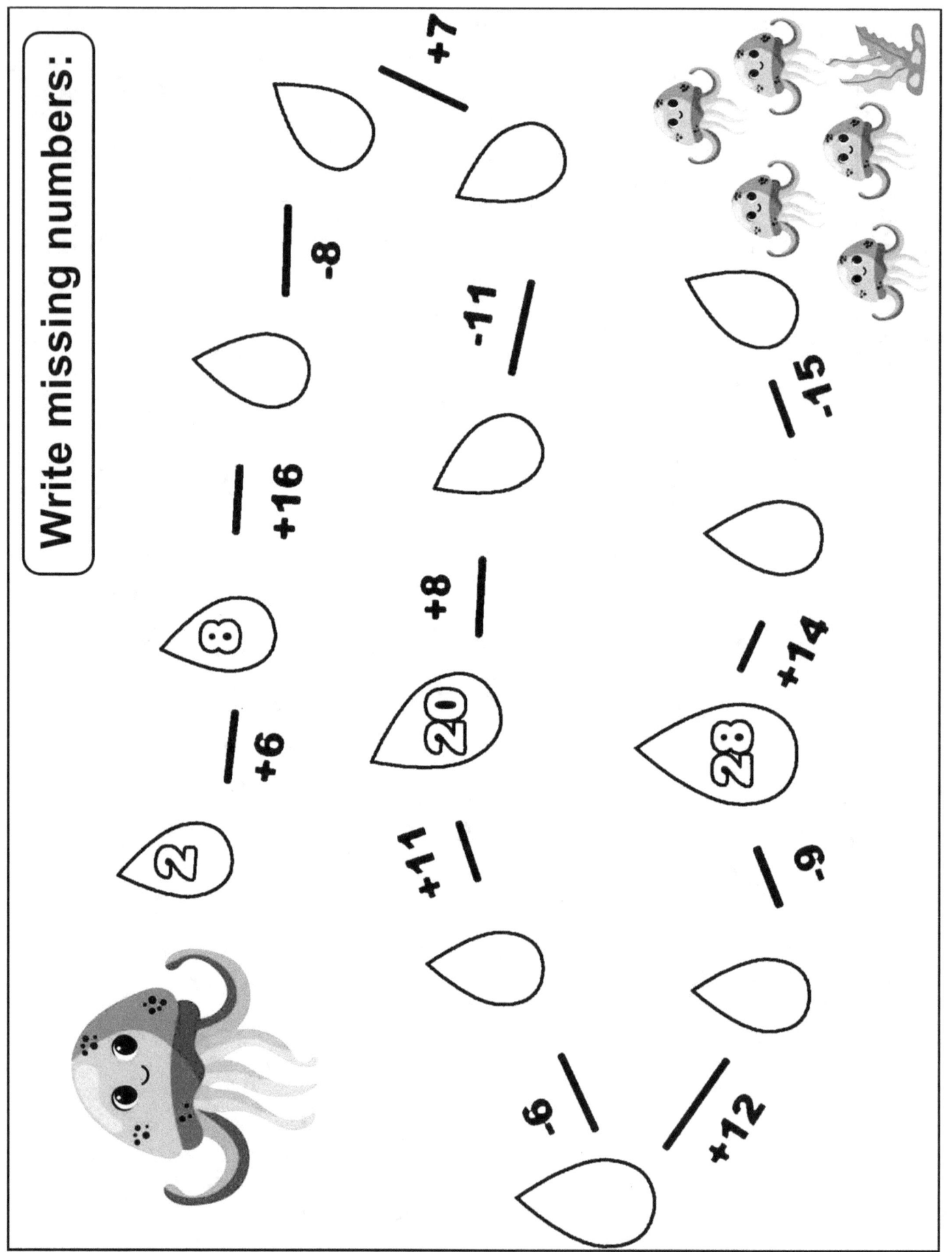

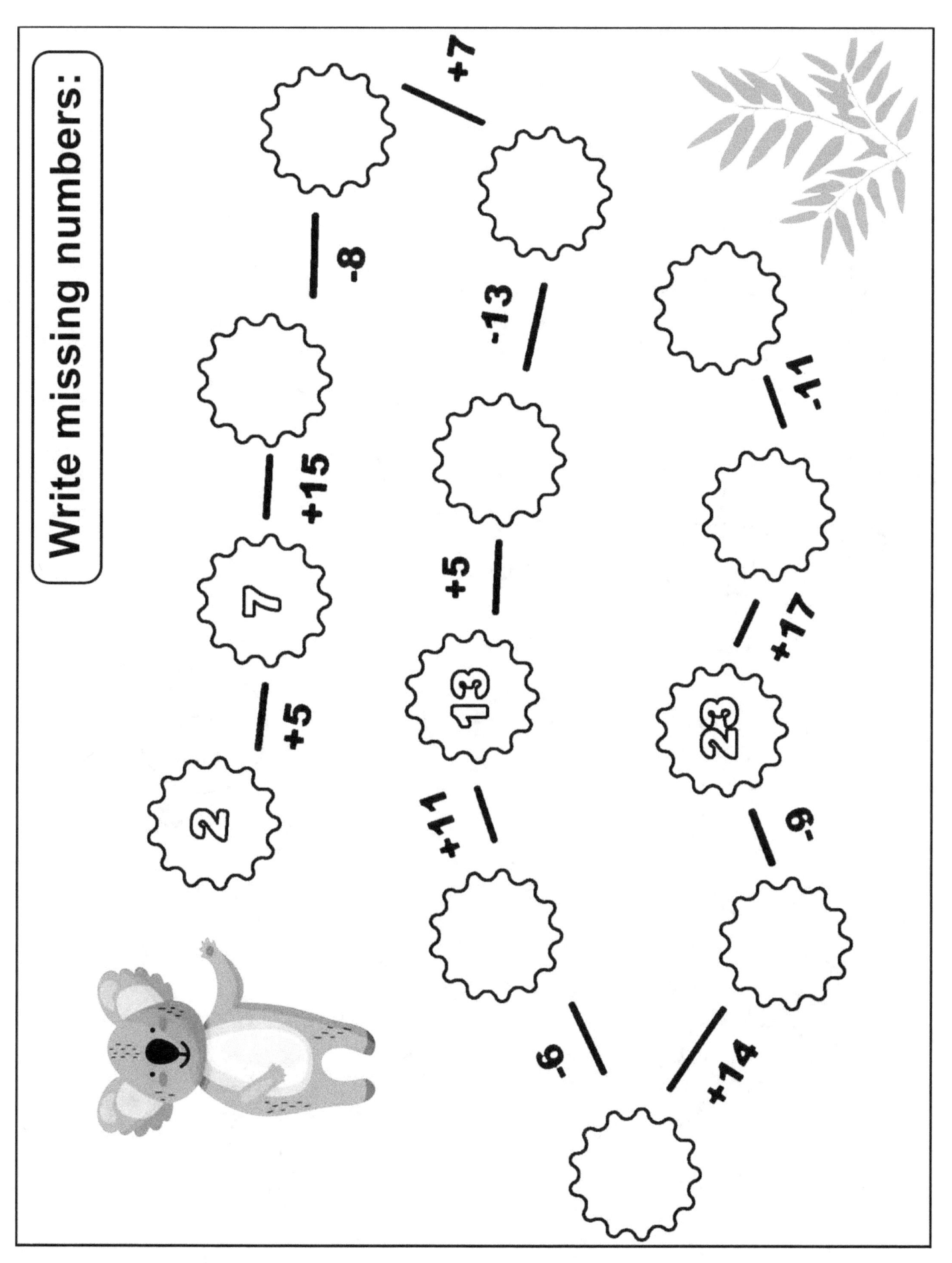

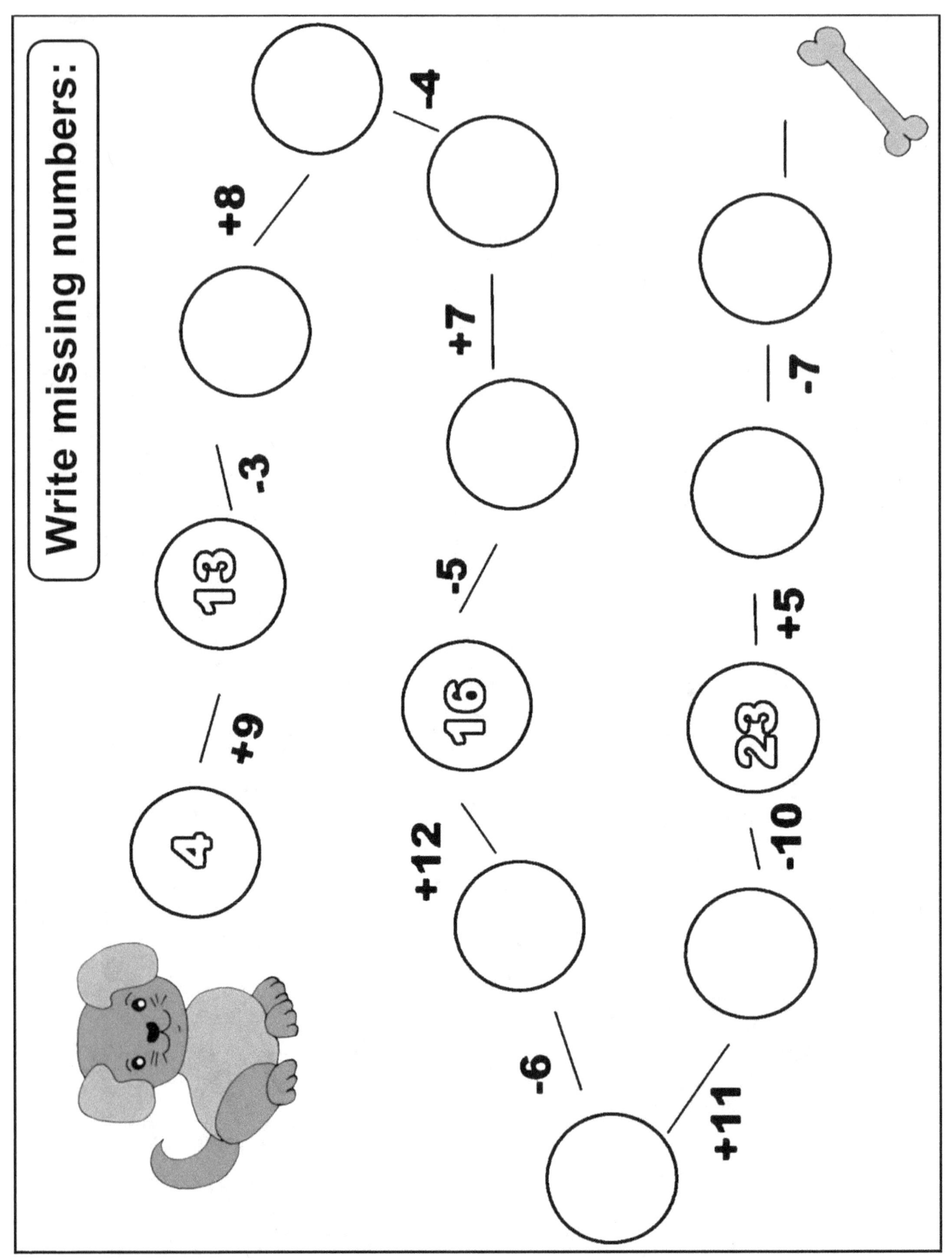

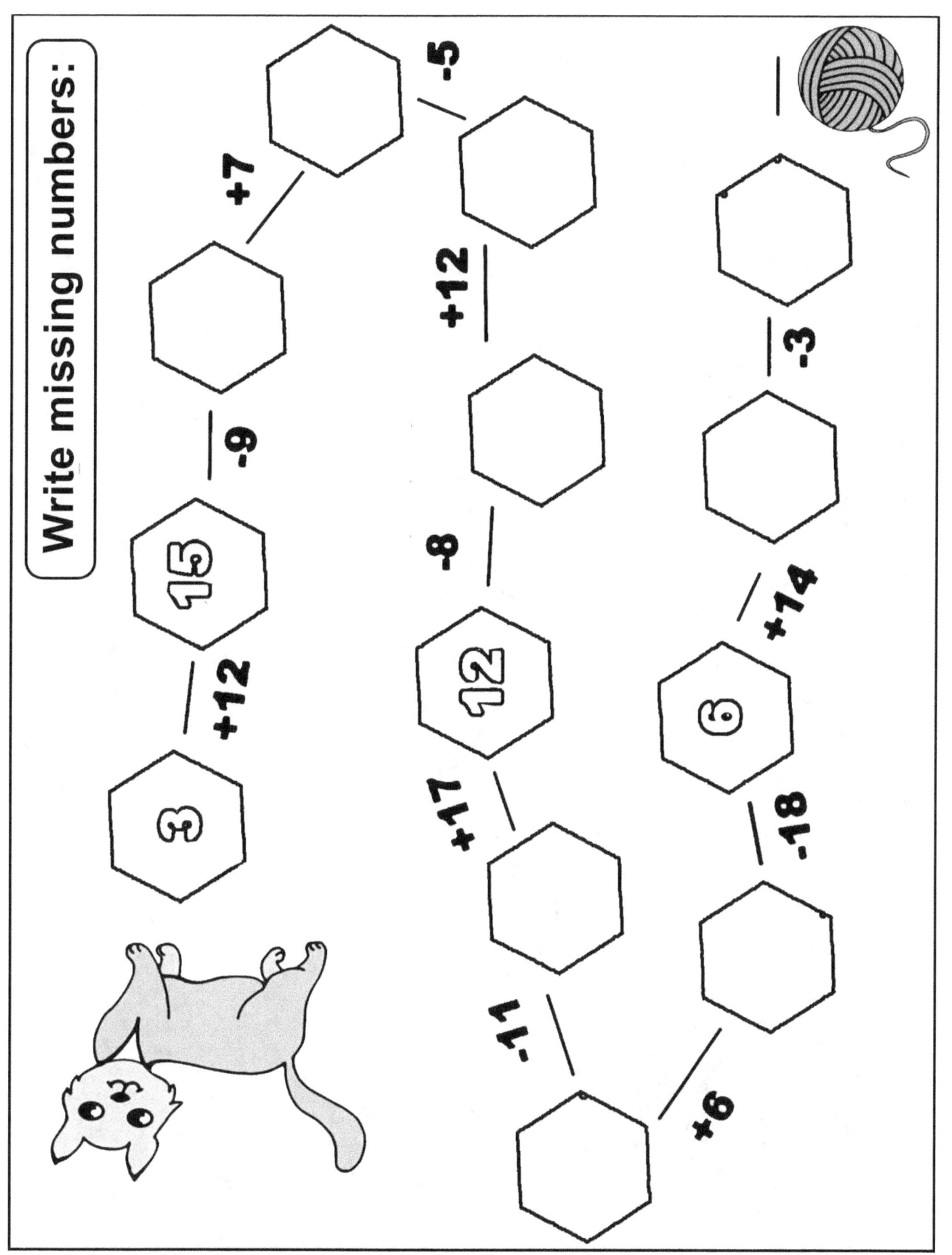

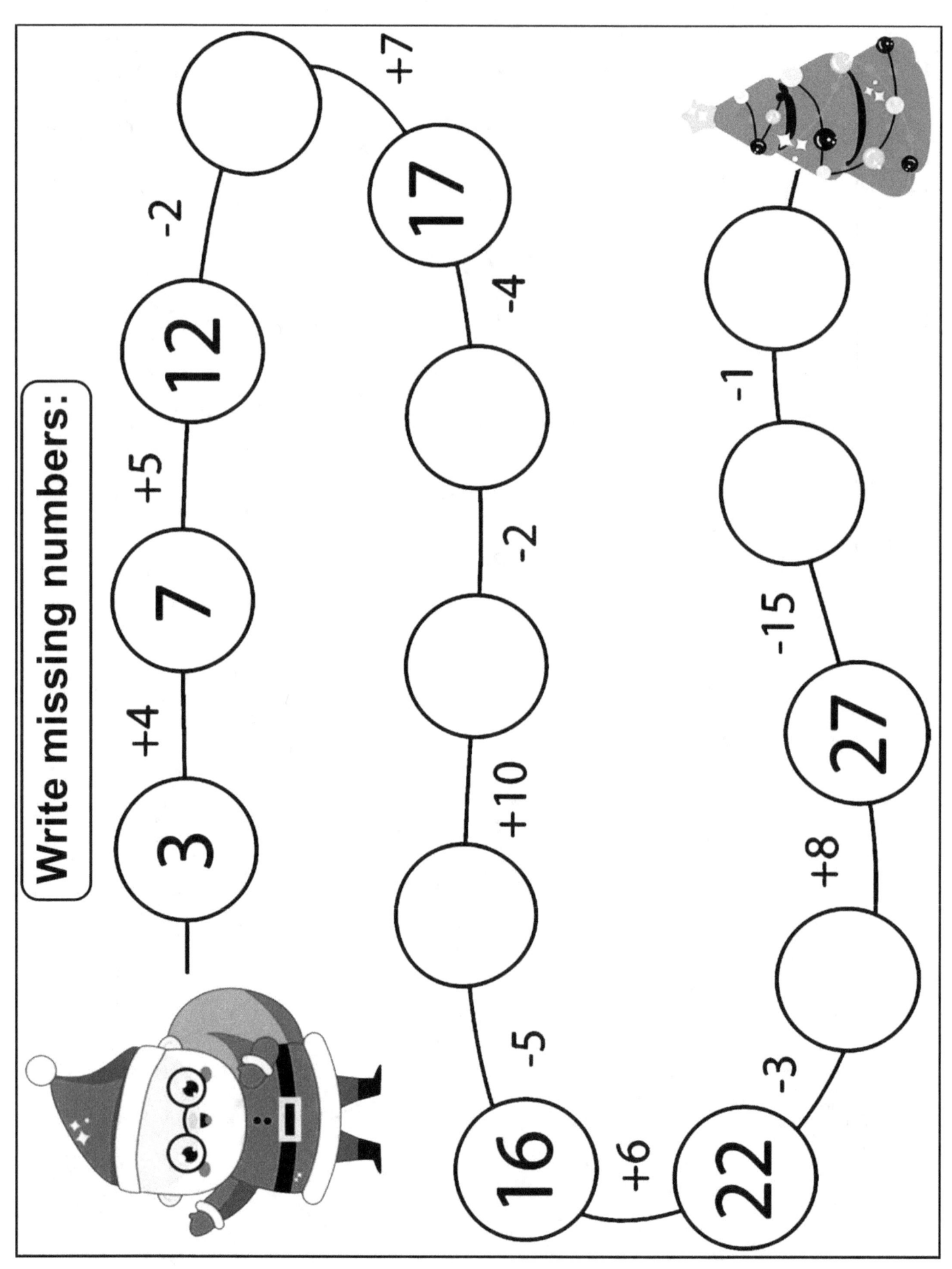

Fill in the missing numbers:

Puzzle 1 (top-left)
- 11 - ___ = ___
- ___ - ___ = 10
- ___ - 3 = ___
- ___ = 9

Puzzle 2 (top-middle)
- 3 + 5 = ___
- ___ + ___ = ___ + 2
- ___ - 1 = ___

Puzzle 3 (top-right)
- ___ + 5 = ___
- ___ + 7 = ___ + 7 = 14

Puzzle 4 (bottom-left)
- 1 + 4 = ___
- ___ + ___ = 9
- ___ - 2 = ___

Puzzle 5 (bottom-middle)
- ___ + ___ = 11
- 5 + ___ = 8 + 8 = ___

Puzzle 6 (bottom-right)
- 15 - ___ = ___
- ___ - 9 = ___
- ___ - 9 = 2

Fill in the missing numbers:

Fill in the missing numbers:

Fill in the missing numbers:

Fill in the missing numbers:

Fill in the missing numbers:

Fill in the missing numbers:

Fill in the missing numbers:

Fill in the missing numbers:

Fill in the missing numbers:

Multiplication Table
Fill in the missing numbers

×	1	2	3	4	5	6	7	8	9	10
1	1	2	3	4	5	6	7	8	9	10
2		4	6	8	10	12	14	16	18	20
3			9	12	15	18	21	24	27	30
4				16	20	24	28	32	36	40
5					25	30	35	40	45	50
6						36	42	48	54	60
7							49	56	63	70
8								64	72	80
9									81	90
10										100

(Multiplication table) Fill in the missing numbers:

×	1	2	3	4	5	6	7	8	9	10
1	1								9	10
2	2	4		8		12		16		20
3		6	9		15		21		27	
4	4		12	16	20	24		32		40
5		10			25	30	35		45	
6	6		18	24	30	36		48		60
7		14		28		42	49		63	
8	8		24		40		56	64		80
9		18		36		54		72	81	90
10	10		30		50		70		90	100

(Multiplication Table)
Fill in the missing numbers

×	1	2	3	4	5	6	7	8	9	10
1	1	2		4	5	6	7	8	9	10
2		4	6		10	12	14		18	20
3	3			12	15		21	24		30
4	4		12	16		24	28		36	40
5		10	15		25	30		40		50
6	6	12		24	30		42		54	60
7	7	14	21	28		42		56	63	
8	8		24		40		56	64		80
9	9	18		36	45	54	63		81	
10		20	30	40		60		80	90	100

Multiplication Table
Fill in the missing numbers

	1	2	3	4	5	6	7	8	9	10
1	1	2	3	4	5	6	7	8	9	10
2	2	4								
3	3		9							
4	4			16						
5	5				25					
6	6					36				
7	7						49			
8	8							64		
9	9								81	
10	10									100

Multiplication Table
Fill in the missing numbers

×	1	2	3	4	5	6	7	8	9	10
1	1									
2		4								
3			9							
4			12	16						
5			15	20	25					
6			18	24	30	36				
7			21	28	35	42	49			
8			24	32	40	48	56	64		
9			27	36	45	54	63	72	81	
10			30	40	50	60	70	80	90	100

Multiplication Table
Fill in the missing numbers

×	1	2	3	4	5	6	7	8	9	10
1	1		3	4		6		8	9	10
2	2	4		8	10		14	16		20
3	3		9		15		21		27	
4	4	8		16		24		32	36	40
5	5		15	20		30	35		45	50
6	6	12		24	30		42	48		
7		14		28		42		56		70
8	8	16	24		40	48	56			80
9	9		27	36	45			72	81	
10	10	20		40		60	70	80		

(Multiplication Table) Fill in the missing numbers

×	1	2	3	4	5	6	7	8	9	10
1	1		3	4	5		7	8	9	10
2		4		8		12		16	18	
3	3	6	9		15	18	21		27	30
4	4		12	16	20		28	32		40
5	5	10		20		30		40	45	50
6		12	18		30	36	42		54	
7	7	14	21	28		42	49	56		70
8	8	16		32	40		56		72	80
9		18	27			54		72	81	90
10	10		30	40	50		70	80		100

Multiplication Table
(Fill in the missing numbers)

×	1	2	3	4	5	6	7	8	9	10
1	1		3		5		7		9	
2	2		6		10		14		18	
3	3		9		15		21		27	
4	4		12		20		28		36	
5	5		15		25		35		45	
6	6		18		30		42		54	
7	7		21		35		49		63	
8	8		24		40		56		72	
9	9		27		45		63		81	
10	10		30		50		70		90	

Multiplication Table
Fill in the missing numbers

×	1	2	3	4	5	6	7	8	9	10
1	1		3		5		7	8	9	10
2	2		6		10		14		18	
3	3		9		15		21		27	
4	4		12		20		28		36	
5	5		15		25		35		45	
6	6		18		30		42		54	
7	7		21		35		49		63	
8	8		24		40		56		72	
9	9		27		45		63		81	
10	10		30		50		70		90	

(Multiplication Table)
Fill in the missing numbers

×	1	2	3	4	5	6	7	8	9	10
1		2	3	4		6	7		9	10
2	2		4		8	10		14	16	
3	3		9		15	18		24	27	30
4	4	8	12	16		24	28			40
5	5	10		20	25		35	40	45	
6	6		18		30	36		48		60
7	7	14	21	28		42	49	56	63	70
8	8	16	24		40		56		72	
9	9	18		36		54		72		90
10	10		30	40	50		70	80	90	

Multiplication Table
Fill in the missing numbers

×	1	2	3	4	5	6	7	8	9	10
1	1	2		4	5	6	7	8	9	10
2	2		6	8		12	14	16		
3		6	9		15	18		24	27	30
4	4	8		16	20		28	32	36	40
5	5		15	20		30	35		45	50
6	6	12	18		30	36	42	48		60
7		14	21	28	35		49		63	70
8	8	16		32		48		64	72	
9	9		27	36	45	54	63	72		90
10		20	30		50		70		90	100

Multiplication Table
Fill in the missing numbers

×	1	2	3	4	5	6	7	8	9	10
1	1	2		4	5		7	8		10
2	2		6	8	10	12	14		18	20
3	3	6	9	12		18		24	27	
4	4	8	12		20	24	28		36	40
5		10		20	25		35	40		50
6	6		18	24		36	42		54	60
7	7	14	21		35	42		56	63	
8	8	16		32	40		56	64		80
9	9		27	36	45	54		72	81	
10		20	30	40		60	70		90	100

Multiplication Table
Fill in the missing numbers

×	1	2	3	4	5	6	7	8	9	10
1	1	2		4	5		7	8		10
2		2								
3				8		12		16		20
4	3		9	12	15	18	21		27	
5	4			16		24		32		40
6	5		15		25	30		40	45	
7	6			24		36	42		54	60
8		14		28		42		56		70
9	8		24		40		56		72	
10	9	18		36		54		72	81	90
	10	20	30	40		60	70	80		100

After

| 49 | 20 | 71 | 99 | 44 | 67 |

Between

| 79 | 50 | 62 | 85 | 21 | 58 |
| 77 | 48 | 60 | 83 | 19 | 56 |

Write the missing numbers
(before, between and after)

Before

| 54 | 67 | 82 | 79 | 38 | 90 |

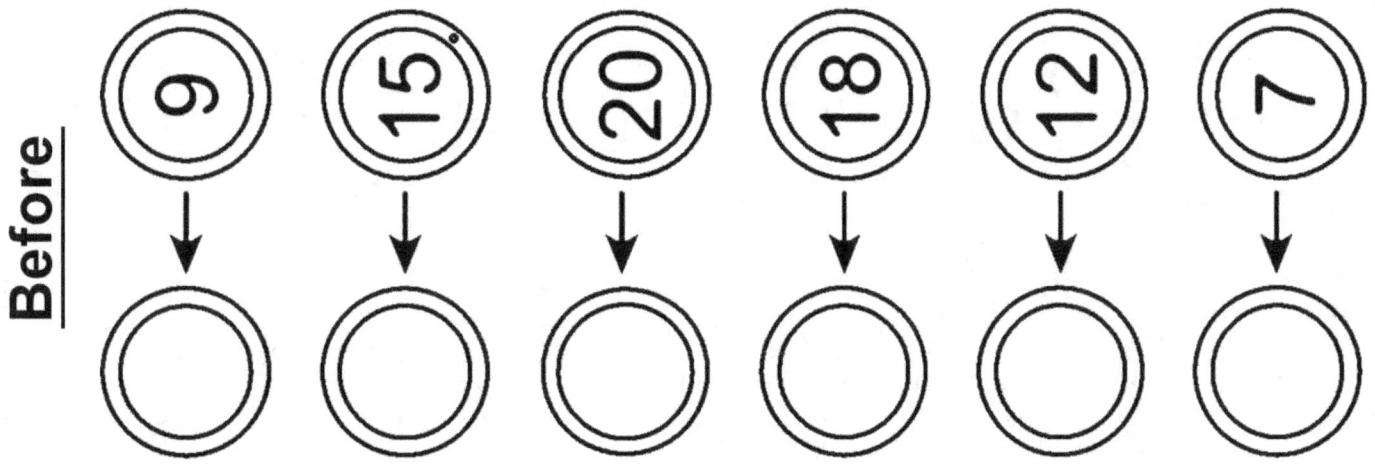

Write the missing numbers

(before, between and after)

Before

	9
	15
	20
	18
	12
	7

Between

10		12
14		16
5		7
13		15
8		10
16		18

After

19	
13	
4	
17	
11	
15	

After

5 → ___
9 → ___
7 → ___
2 → ___
8 → ___
1 → ___

Between

1 ___ 3
6 ___ 8
8 ___ 10
3 ___ 5
7 ___ 9
4 ___ 6

Write the missing numbers
(before, between and after)

Before

___ ← 3
___ ← 6
___ ← 2
___ ← 8
___ ← 10
___ ← 5

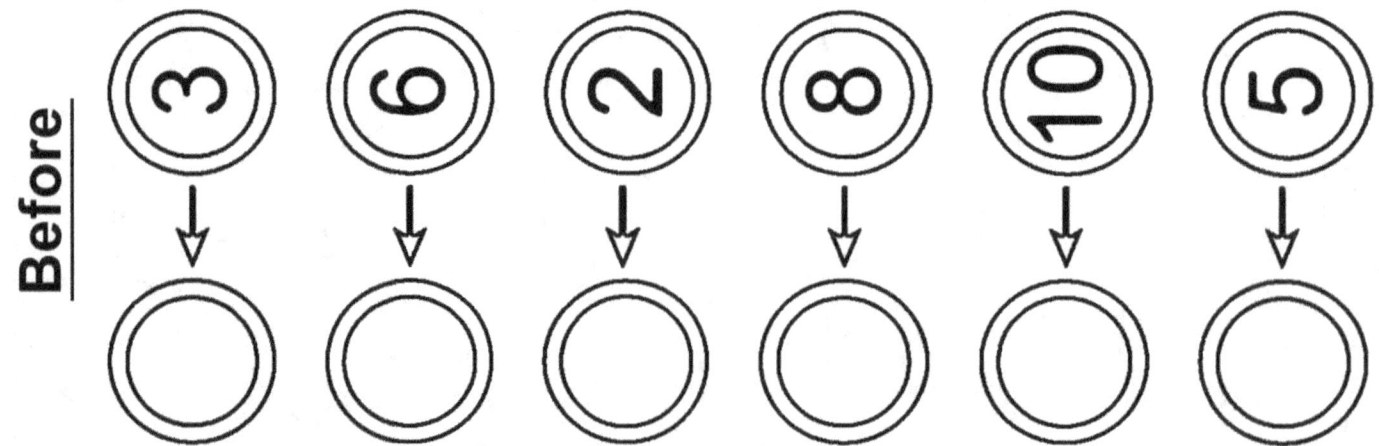

Before and after write missing numbers:

| 10 | 11 | 12 |

| | 14 | |

| | 4 | |

| | 5 | |

| | 17 | |

| | 18 | |

| | 16 | |

| | 7 | |

| | 10 | |

| | 9 | |

| | 6 | |

| | 13 | |

Before and after write missing numbers:

32	33	34		55	
	80			19	
	29			41	
	83			68	
	71			40	
	93			59	

Before and after write missing numbers:

| 87 | 88 | 89 |

| | 62 | |

| | 33 | |

| | 20 | |

| | 96 | |

| | 79 | |

| | 51 | |

| | 42 | |

| | 16 | |

| | 40 | |

| | 70 | |

| | 84 | |

Before and after write missing numbers:

| 13 | 14 | 15 |

| | 16 | |

| | 7 | |

| | 11 | |

| | 19 | |

| | 10 | |

| | 5 | |

| | 17 | |

| | 9 | |

| | 15 | |

| | 12 | |

| | 18 | |

Before and after write missing numbers:

38	39	40

	22	

	61	

	50	

	17	

	49	

	85	

	98	

	77	

	57	

	44	

	36	

Before and after write missing numbers:

| 20 | 21 | 22 |

| | 11 | |

| | 45 | |

| | 59 | |

| | 72 | |

| | 28 | |

| | 64 | |

| | 87 | |

| | 78 | |

| | 95 | |

| | 39 | |

| | 54 | |

Before and after write missing numbers:

| 24 | 25 | 26 |

| | 11 | |

| | 72 | |

| | 52 | |

| | 43 | |

| | 32 | |

| | 16 | |

| | 20 | |

| | 90 | |

| | 67 | |

| | 58 | |

| | 88 | |

Before and after write missing numbers:

35	36	37

	60	

	53	

	19	

	74	

	25	

	15	

	44	

	27	

	81	

	92	

	98	

Before and after write missing numbers:

12	13	14		89	
	22			57	
	94			34	
	61			85	
	47			63	
	97			29	

Before and after write missing numbers:

18	19	20

	8	

	2	

	4	

	18	

	10	

	8	

	16	

	13	

	5	

	12	

	17	

Before and after write missing numbers:

14	15	16		12	

	7			6	

	10			14	

	13			3	

	17			11	

	18			9	

Before and after write missing numbers:

36	37	38

	15	

	26	

	75	

	99	

	56	

	48	

	23	

	70	

	69	

	14	

	87	

Before and after write missing numbers:

| 75 | 76 | 77 |

| | 18 | |

| | 35 | |

| | 66 | |

| | 14 | |

| | 32 | |

| | 50 | |

| | 37 | |

| | 41 | |

| | 26 | |

| | 73 | |

| | 31 | |

Before and after write missing numbers:

18	**19**	20			**11**	

	10				**8**	

	6				**15**	

	3				**12**	

	14				**7**	

	17				**9**	

Before and after write missing numbers:

| 38 | 39 | 40 |

| | 22 | |

| | 61 | |

| | 50 | |

| | 17 | |

| | 49 | |

| | 85 | |

| | 98 | |

| | 77 | |

| | 57 | |

| | 44 | |

| | 36 | |

Before and after write missing numbers:

	37				15	
	26				75	
	99				56	
	48				23	
	70				69	
	14				87	

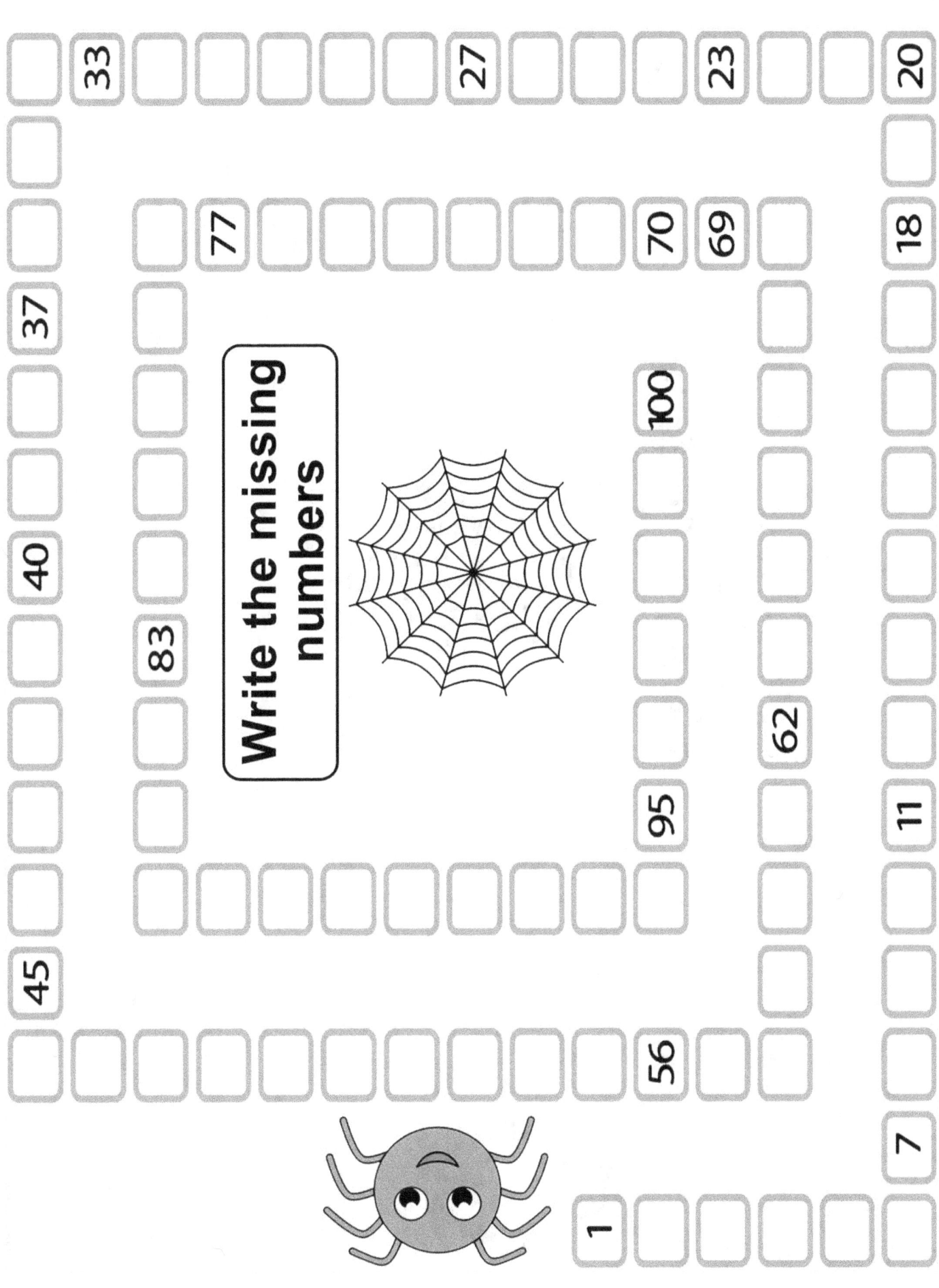

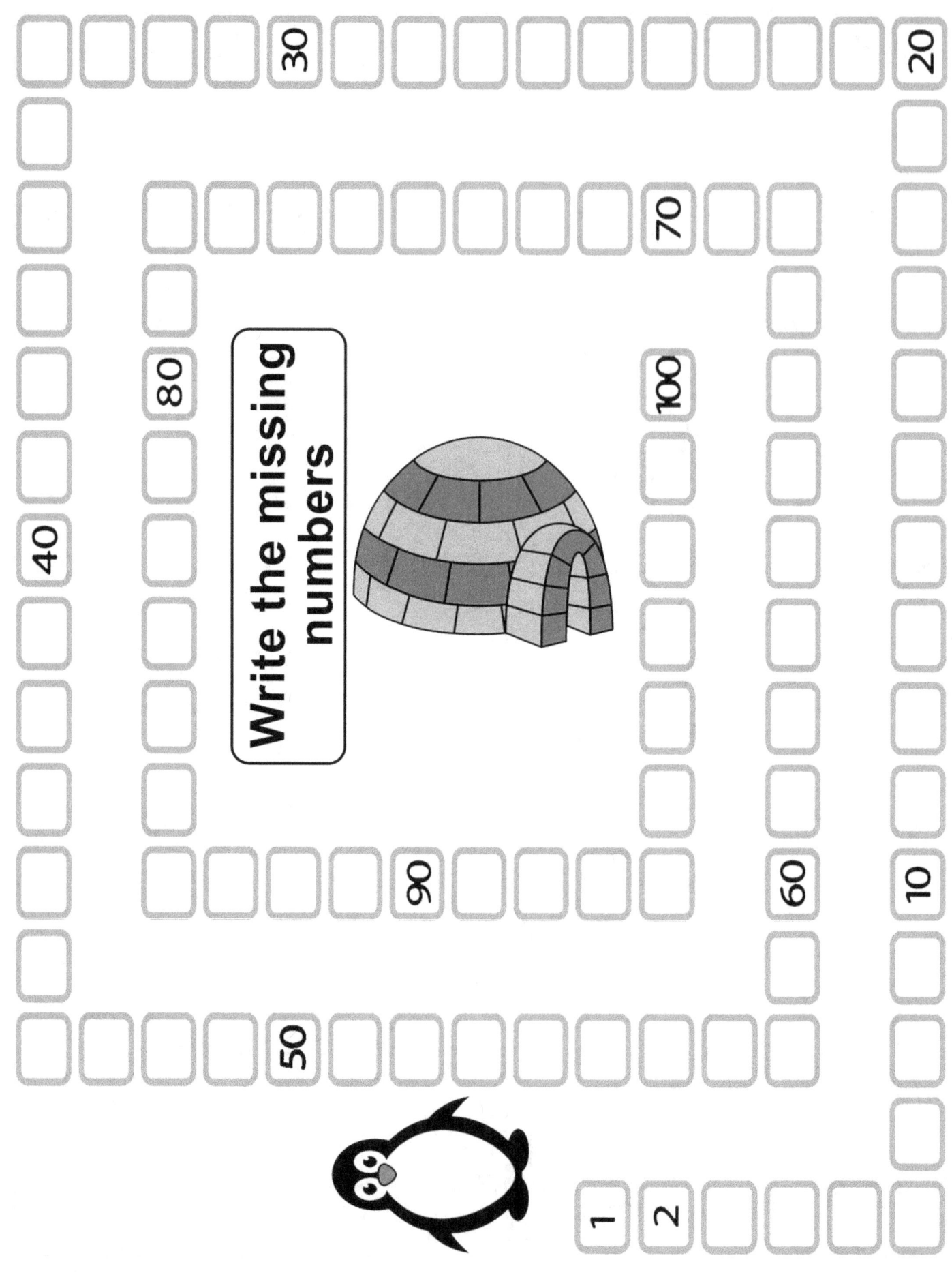

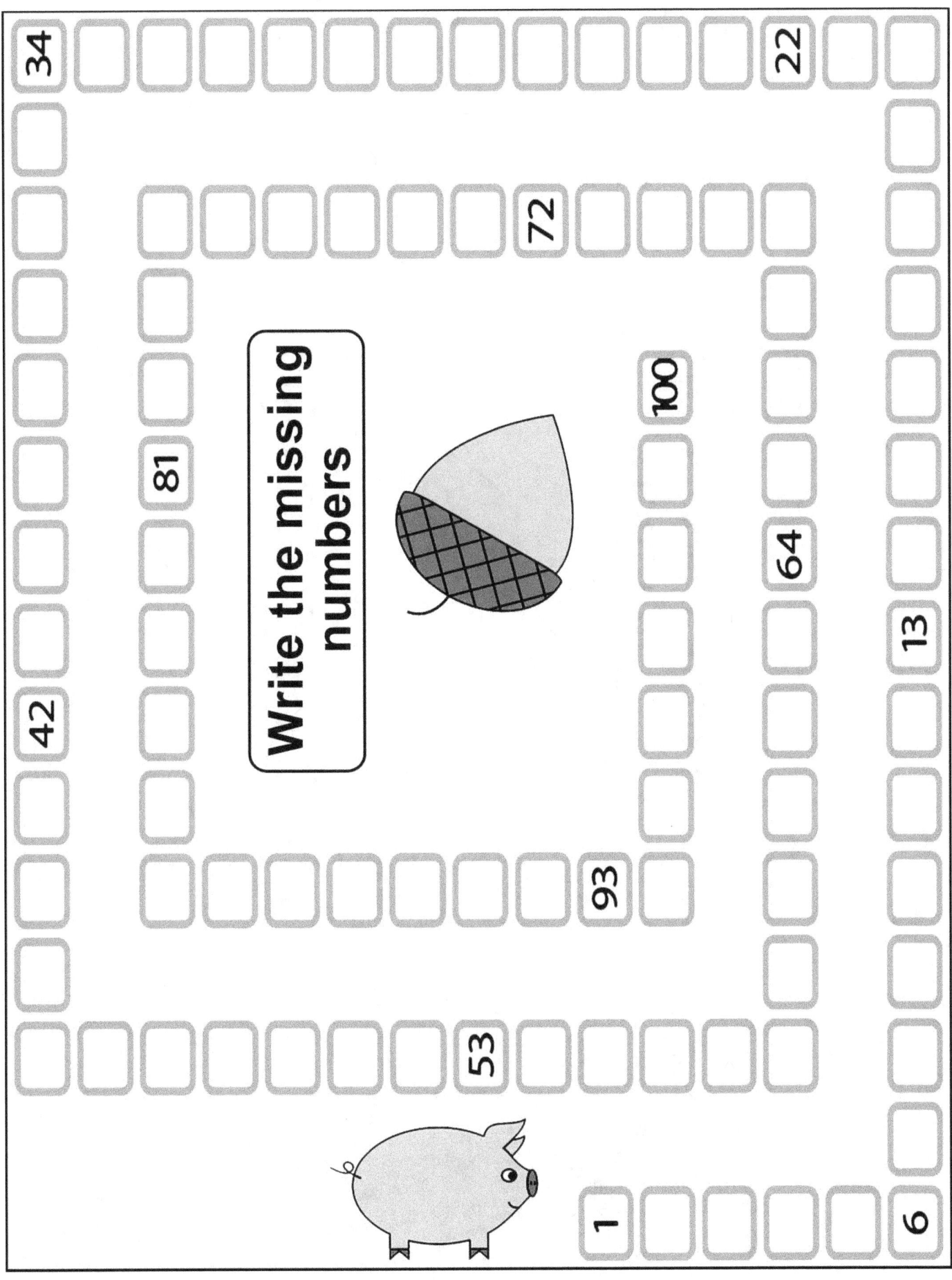

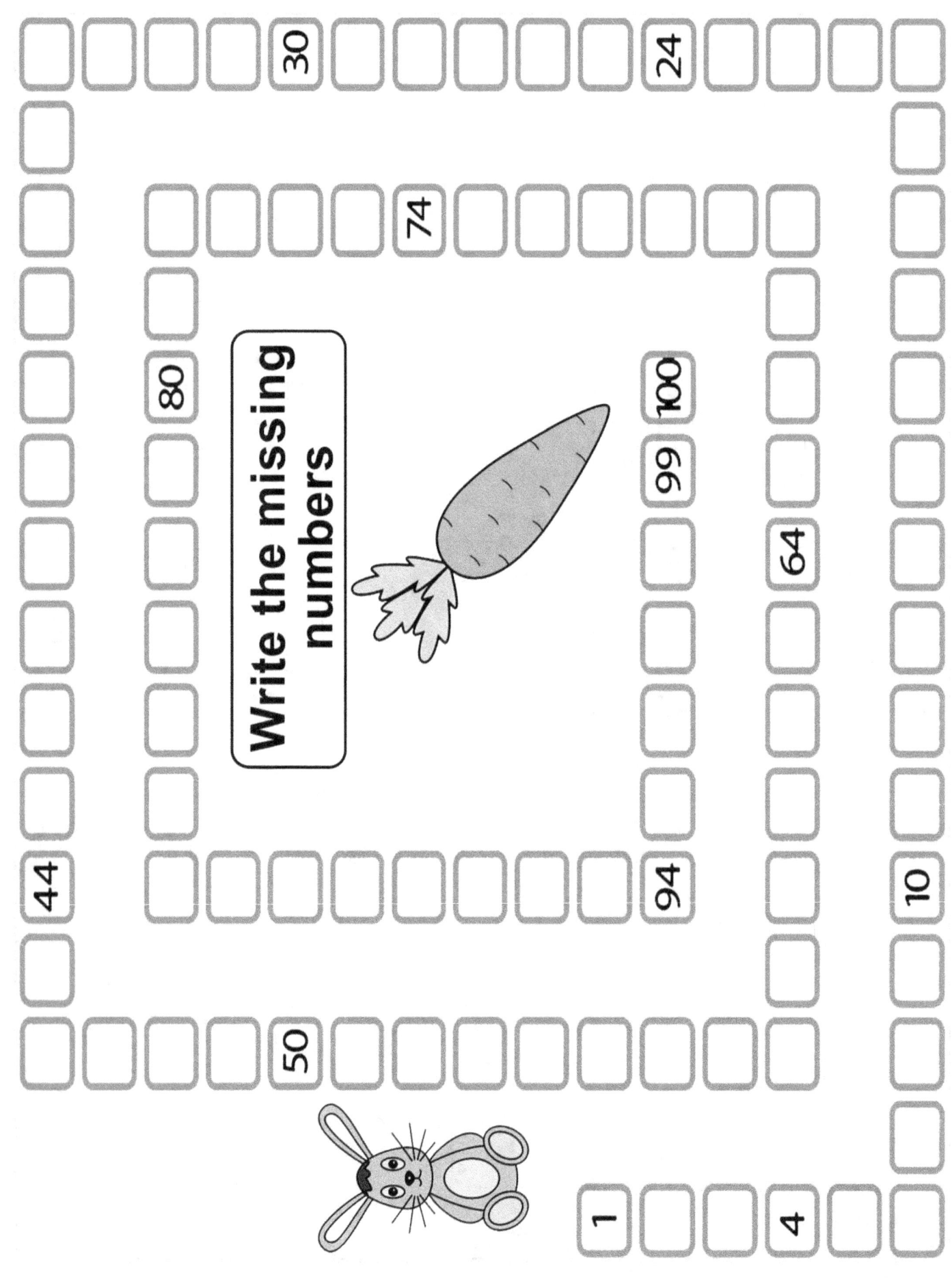

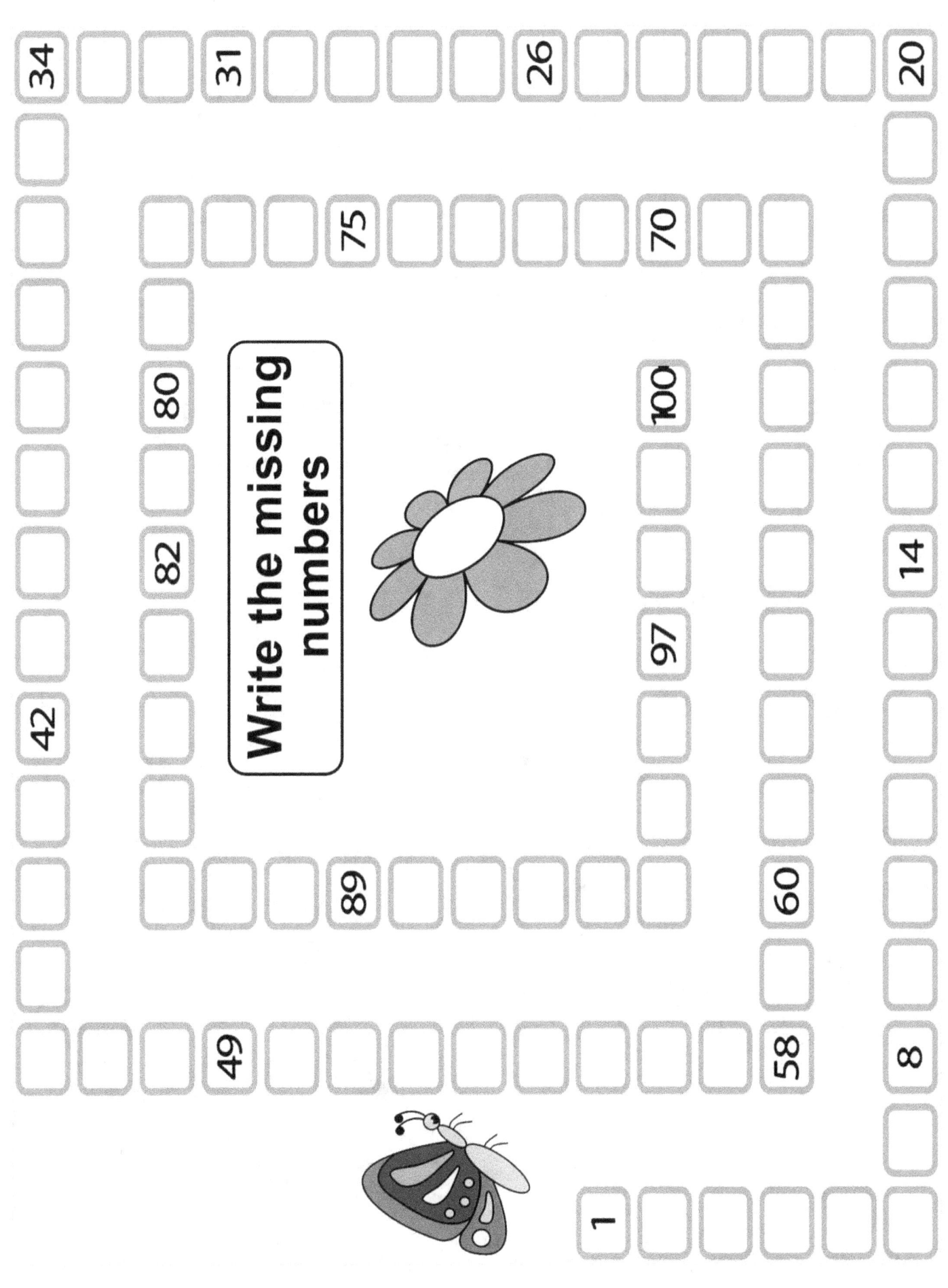

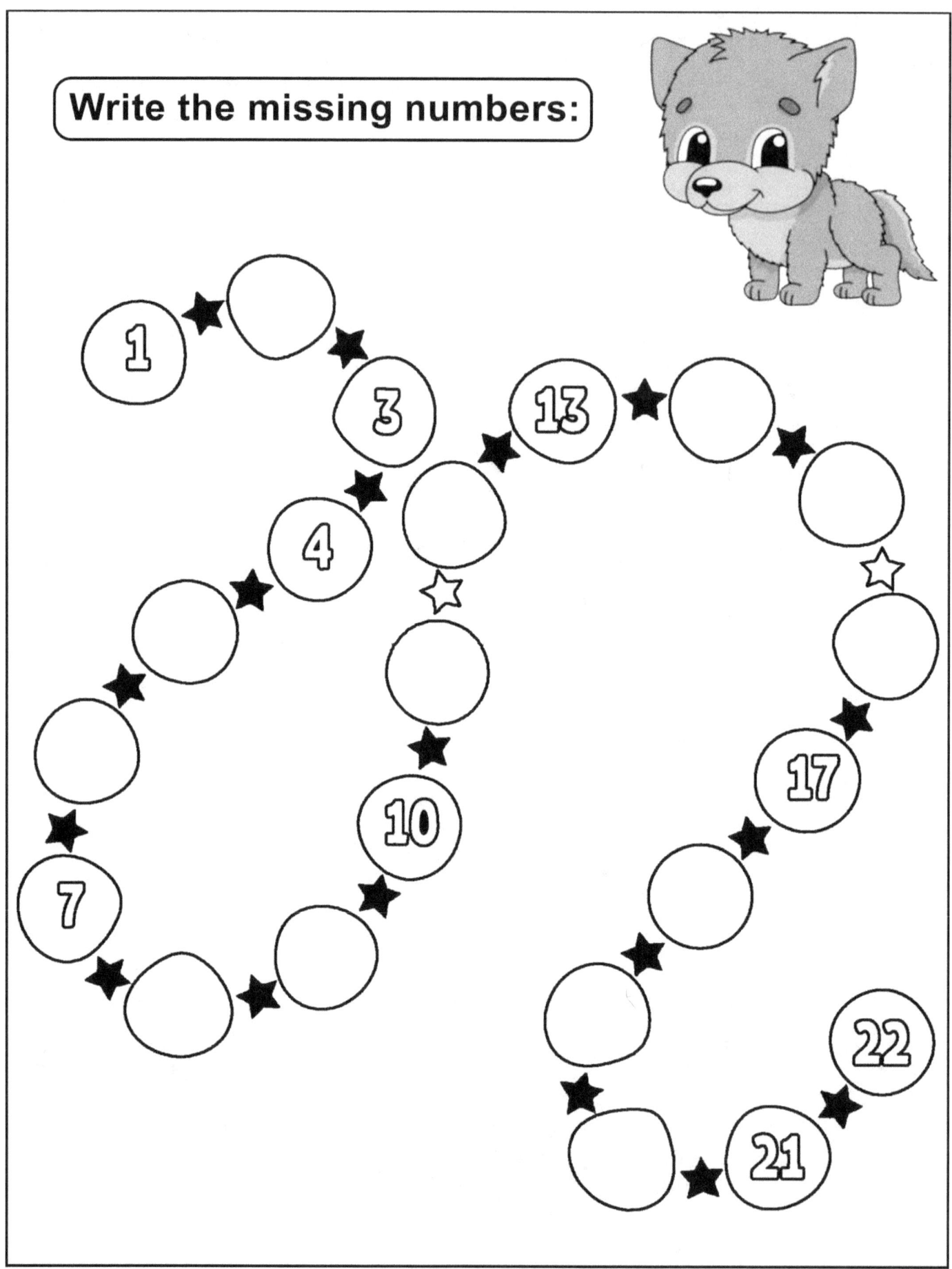

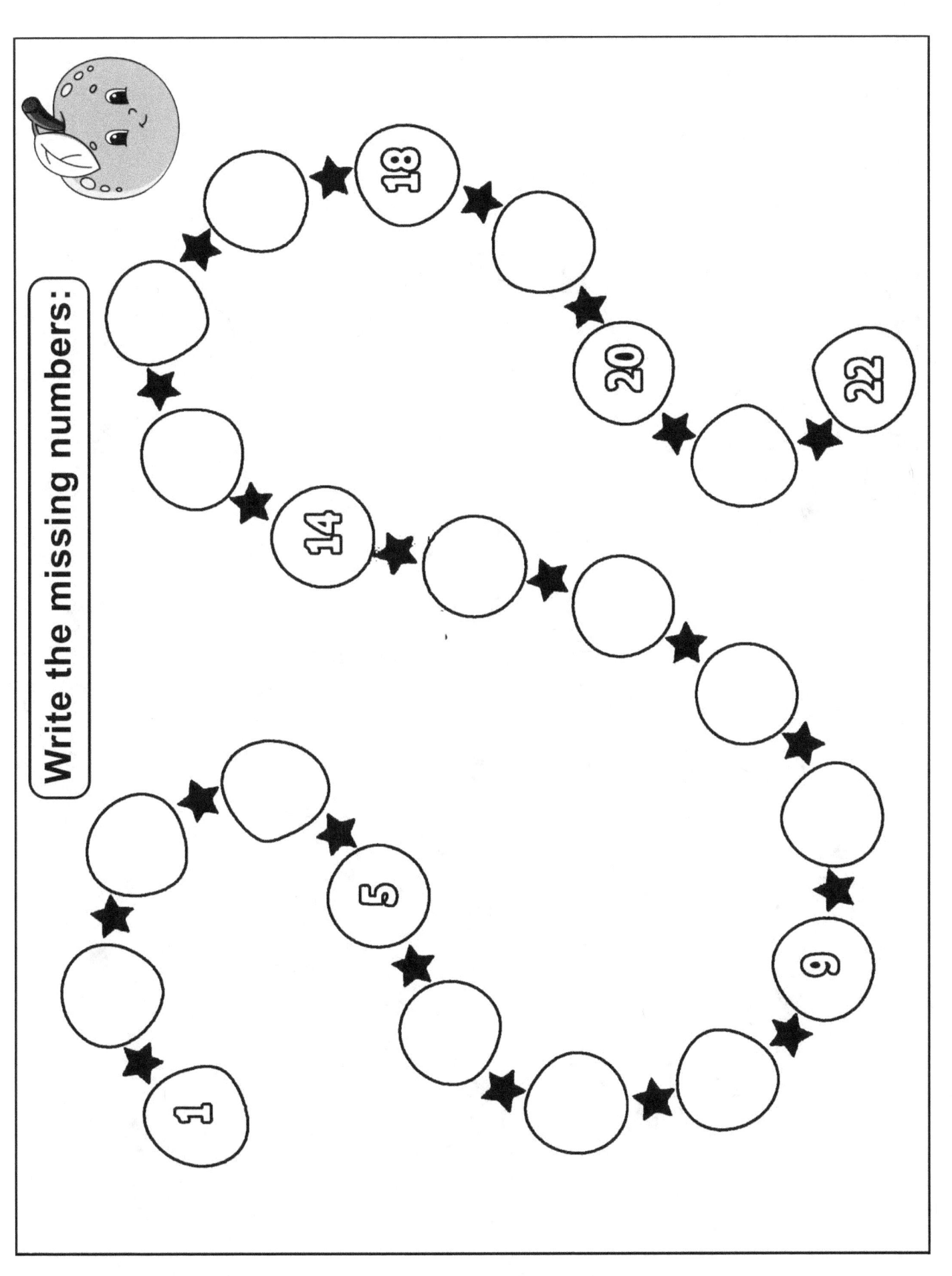

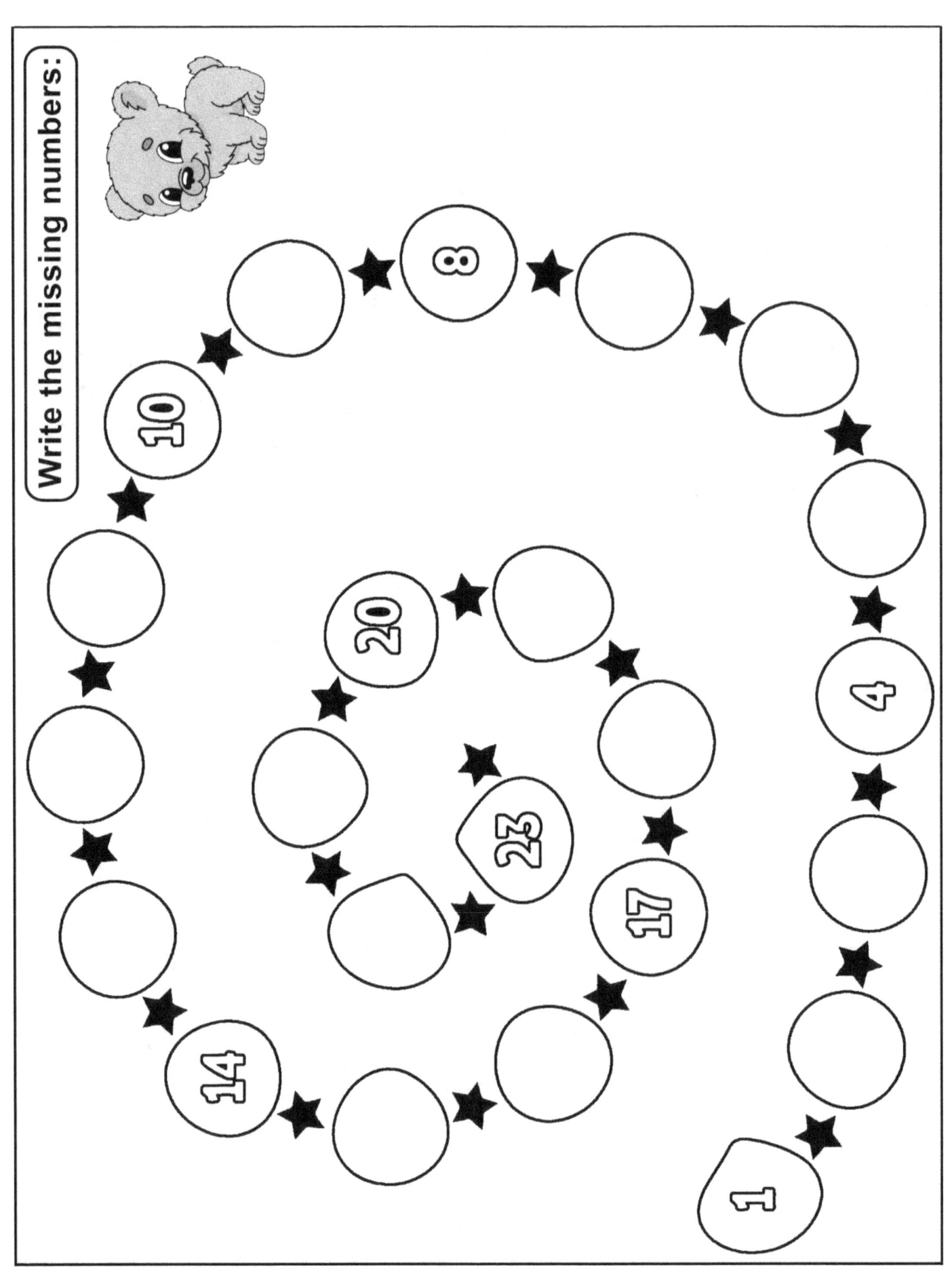

Fill in the missing numbers:

Fill in the missing numbers:

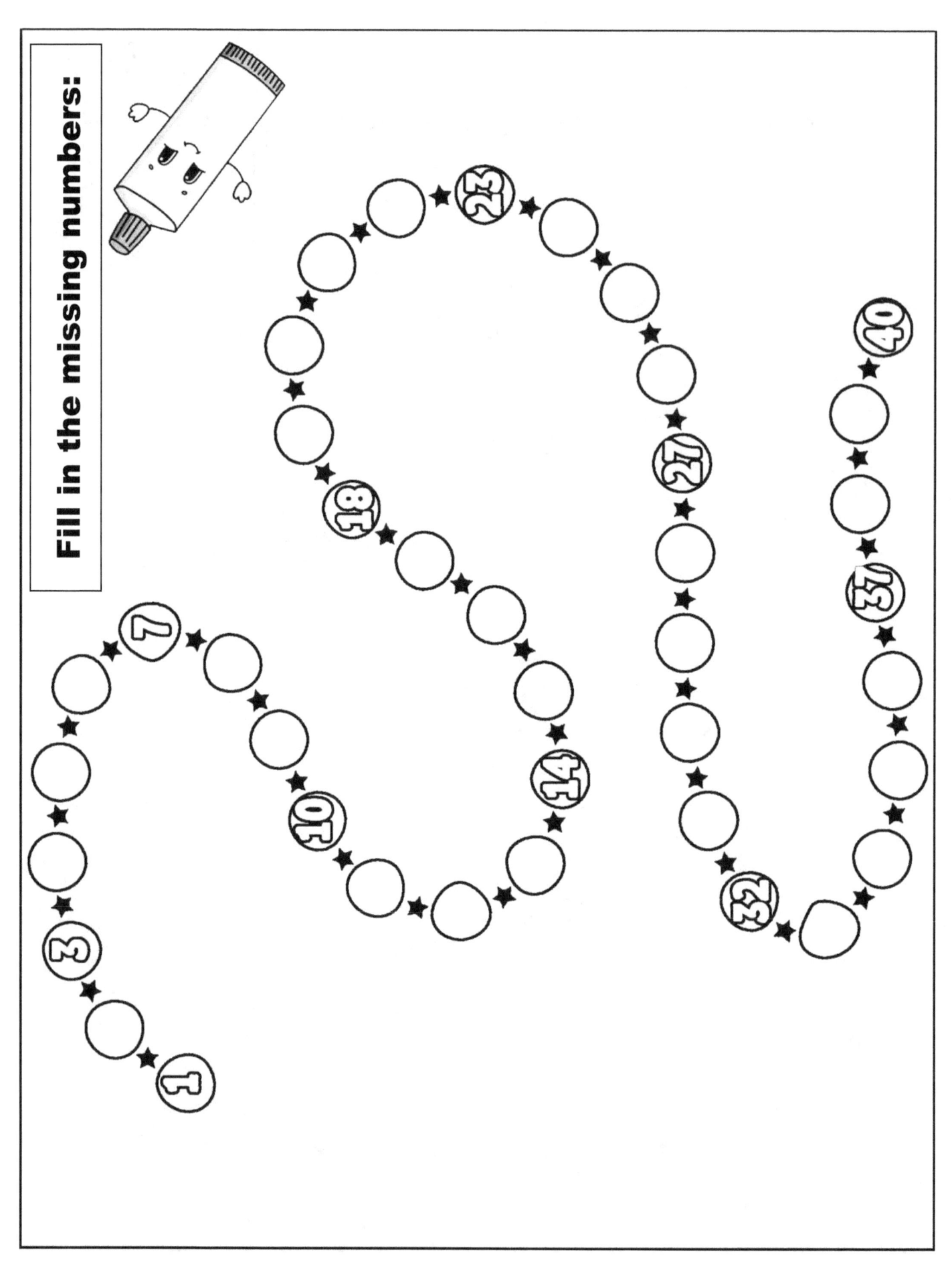

Fill in the missing numbers:

Fill in the missing numbers:

1		3	4	5		7	8		10
	12	13	14	15	16		18		
21		23		25	26	27		29	30
31		33		35			38	39	40
	42		44		46		48		
51				55		57	58		60
	62		64	65		67		69	
71	72		74		76	77		79	80
	82		84	85		87		89	90
91	92	93		95		97	98		100

Fill in the missing numbers:

1		3		5		7		9	
	12		14		16		18		20
21		23		25		27		29	
	32		34		36		38		40
41		43		45		47		49	
	52		54		56		58		60
61		63		65		67		69	
	72		74		76		78		80
81		83		85		87		89	
	92		94		96		98		100

Fill in the missing numbers:

1		3	4		6	7		9	10
11	12		14	15	16			19	
	22	23		25		27	28		30
31		33	34		36			39	
	42	43		45	46	47		49	50
51				55			58	59	
	62	63	64		66	67			
71	72	73		75		77	78		80
		83	84		86	87		89	
91		93		95	96		98		100

Fill in the missing numbers:

1	2	3		5	6		8	9	10
11		13	14		16		18		20
21	22	23		25		27	28		30
	32		34		36			39	
	42			45	46		48		50
51			54	55		57	58		60
	62		64	65	66			69	
71		73			76	77	78		80
81		83	84		86	87		89	90
91	92		94		96		98		100

Fill in the missing numbers:

1	2		4	5	6			9	
	12		14		16	17	18		20
21		23		25				29	
	32		34		36	37	38		40
41		43		45	46		48	49	
	52		54	55		57			60
61	62		64			67	68	69	
71		73	74	75	76	77			80
	82	83		85		87	88	89	
91		93		95	96	97		99	100

Fill in the missing numbers:

1		3	4		6		8		10
11	12		14	15		17		19	20
	22	23	24		26		28	29	
31	32		34	35		37		39	40
41		43		45		47	48	49	
	52	53	54		56		58		60
61	62		64	65		67		69	70
	72	73		75	76		78	79	
81		83	84		86	87		89	90
	92	93		95	96		98		100

Fill in the missing numbers:

1			4	5	6	7	8		10
11	12	13		15		17		19	
			24		26			29	30
31	32	33		35		37	38		
	42		44		46		48	49	50
51	52		54	55		57		59	
61		63		65	66		68		70
		73	74		76				
81	82	83		85			88		90
91		93		95	96		98		100

Fill in the missing numbers:

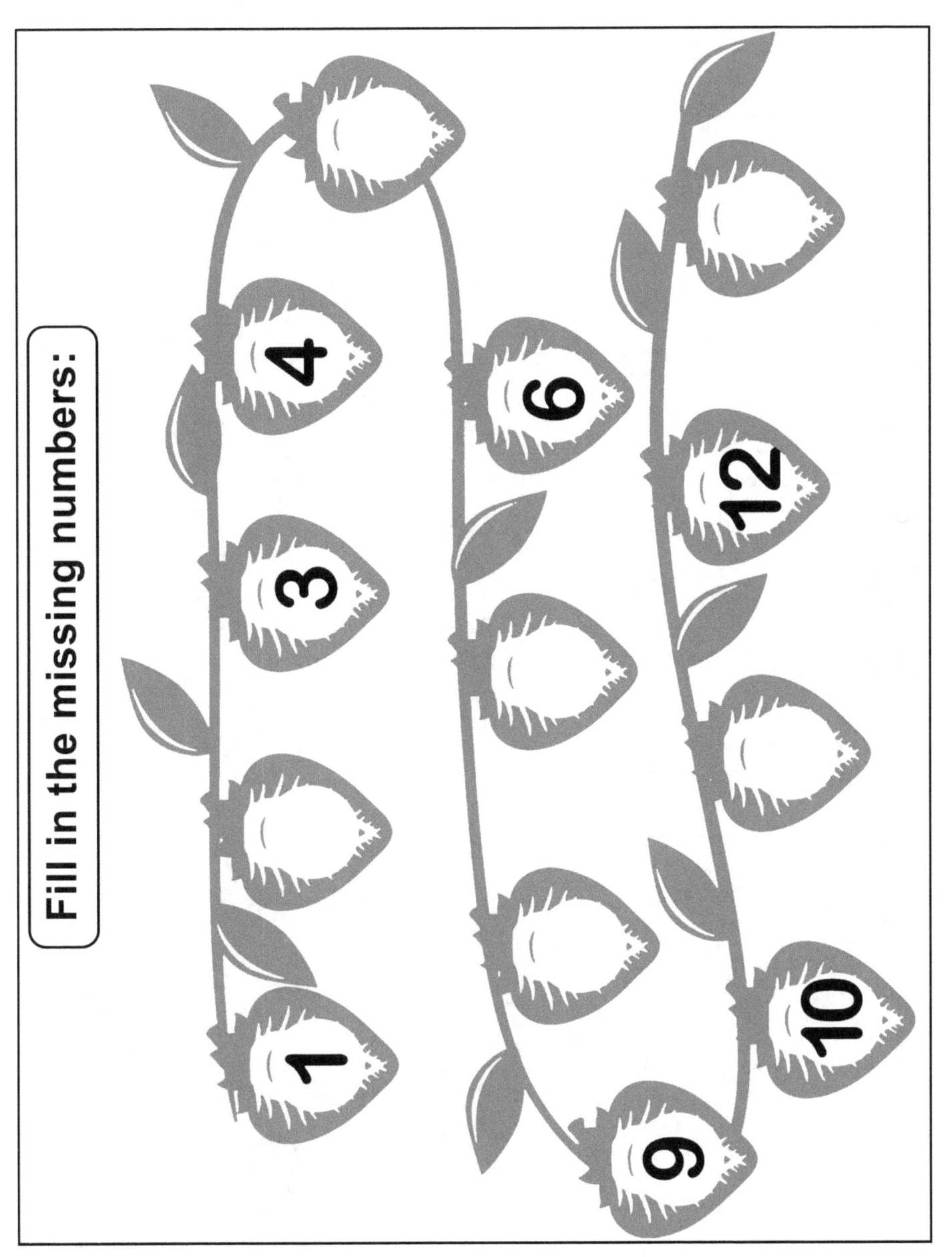

Fill in the missing numbers:

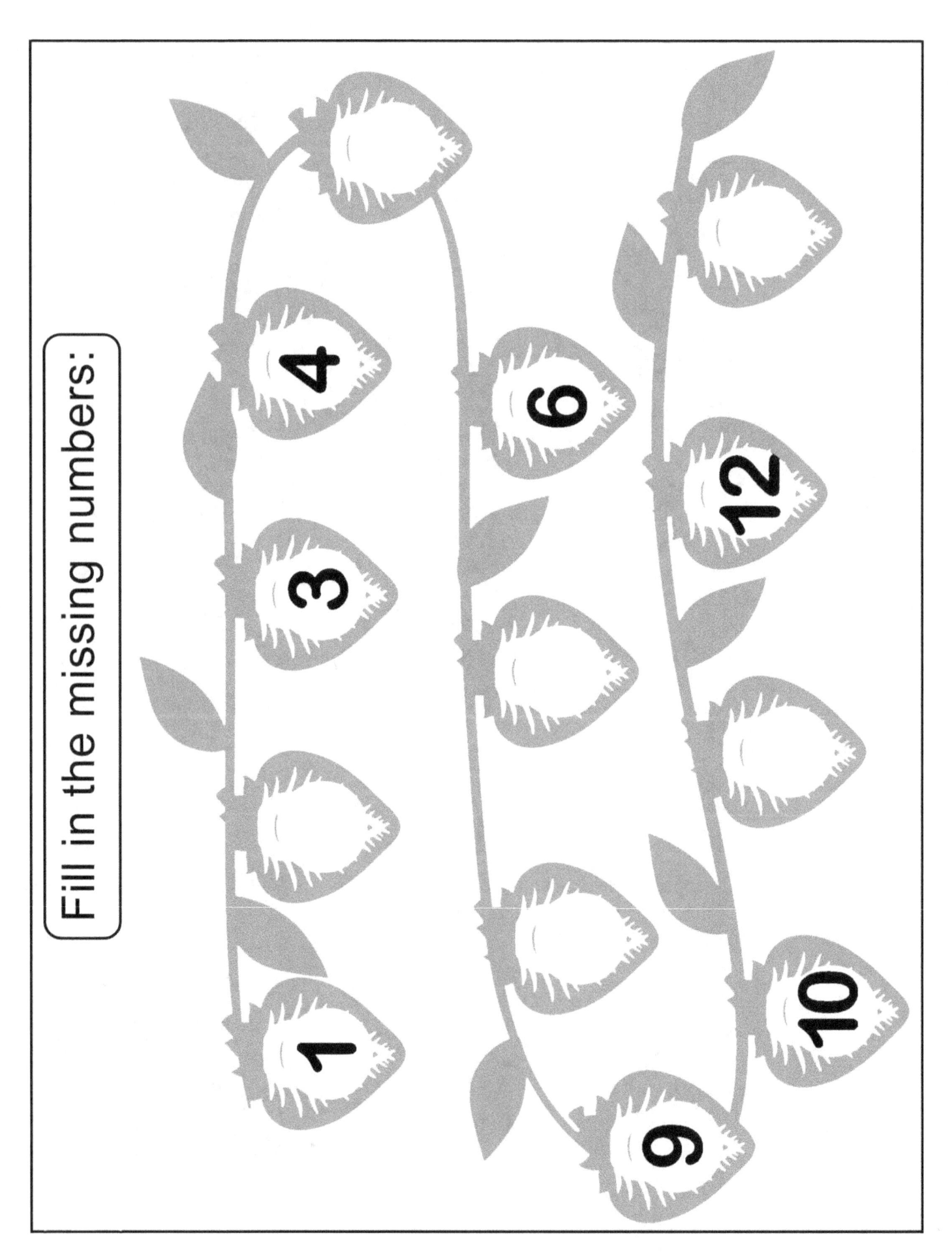

Fill in the missing numbers:

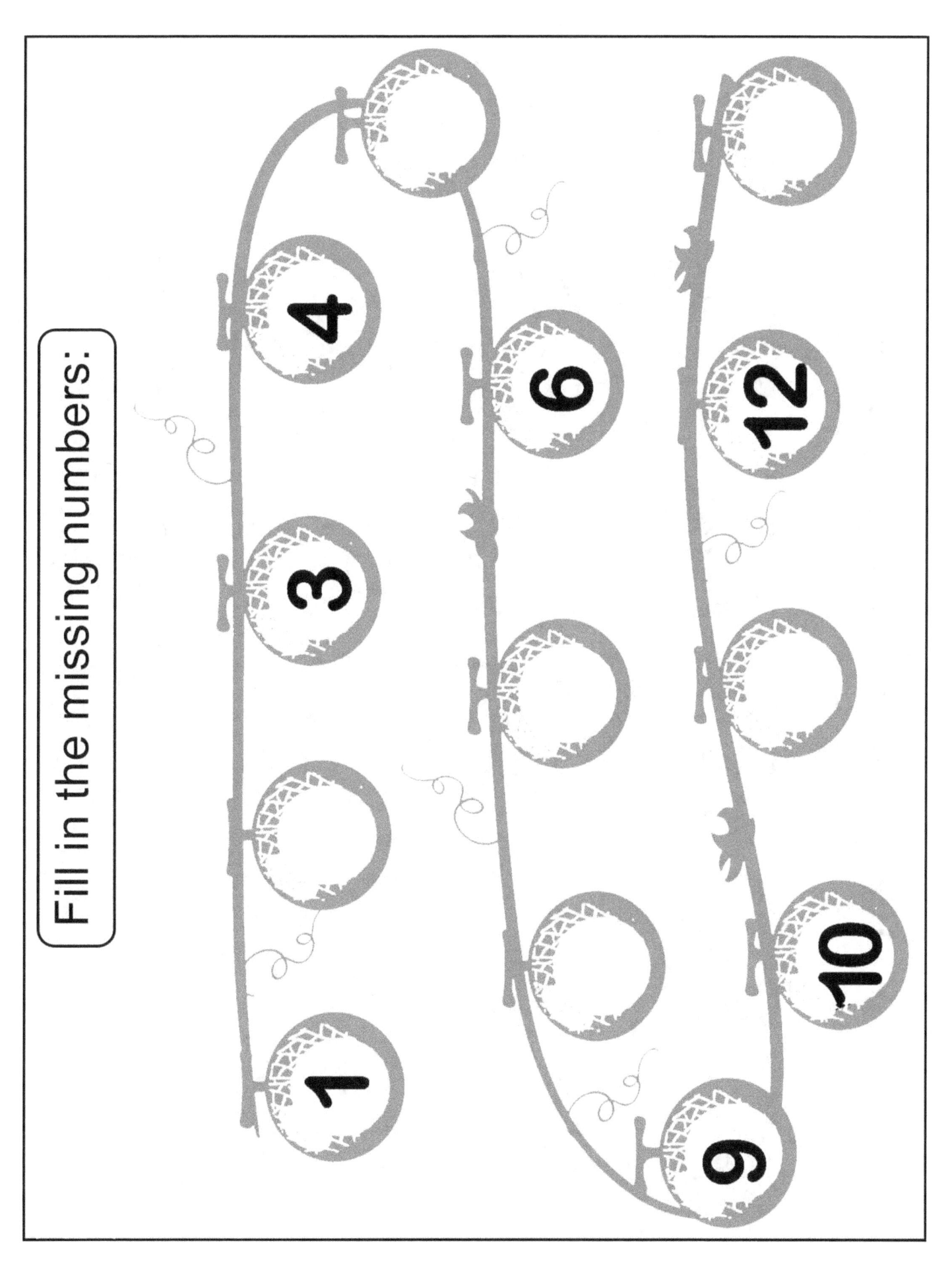

Write the missing numbers

15	28	37	51
___	___	36	___
13	26	___	49
12	25	34	48
11	___	33	___
___	23	___	46

Write missing numbers:

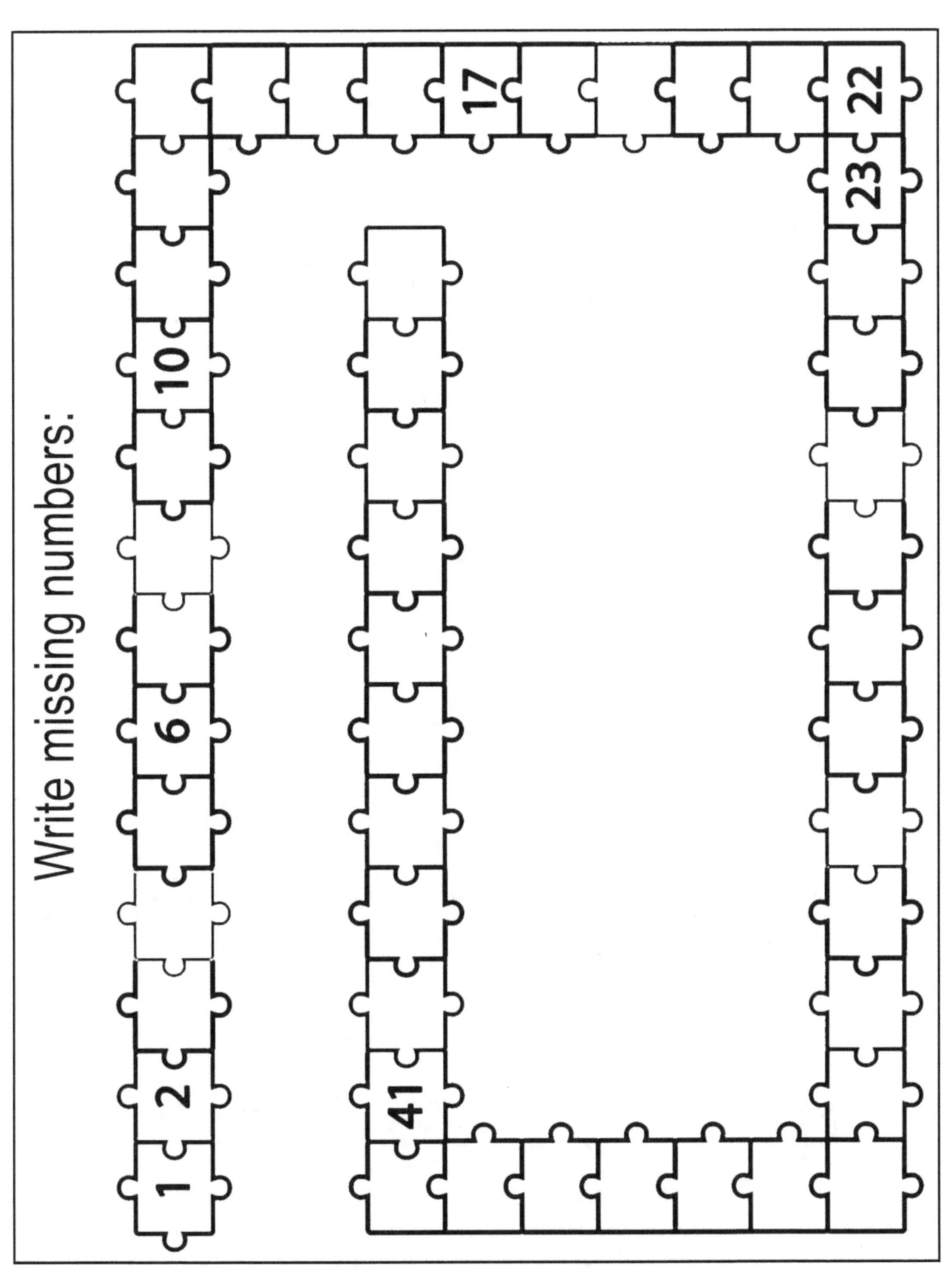

Fill in the missing numbers:

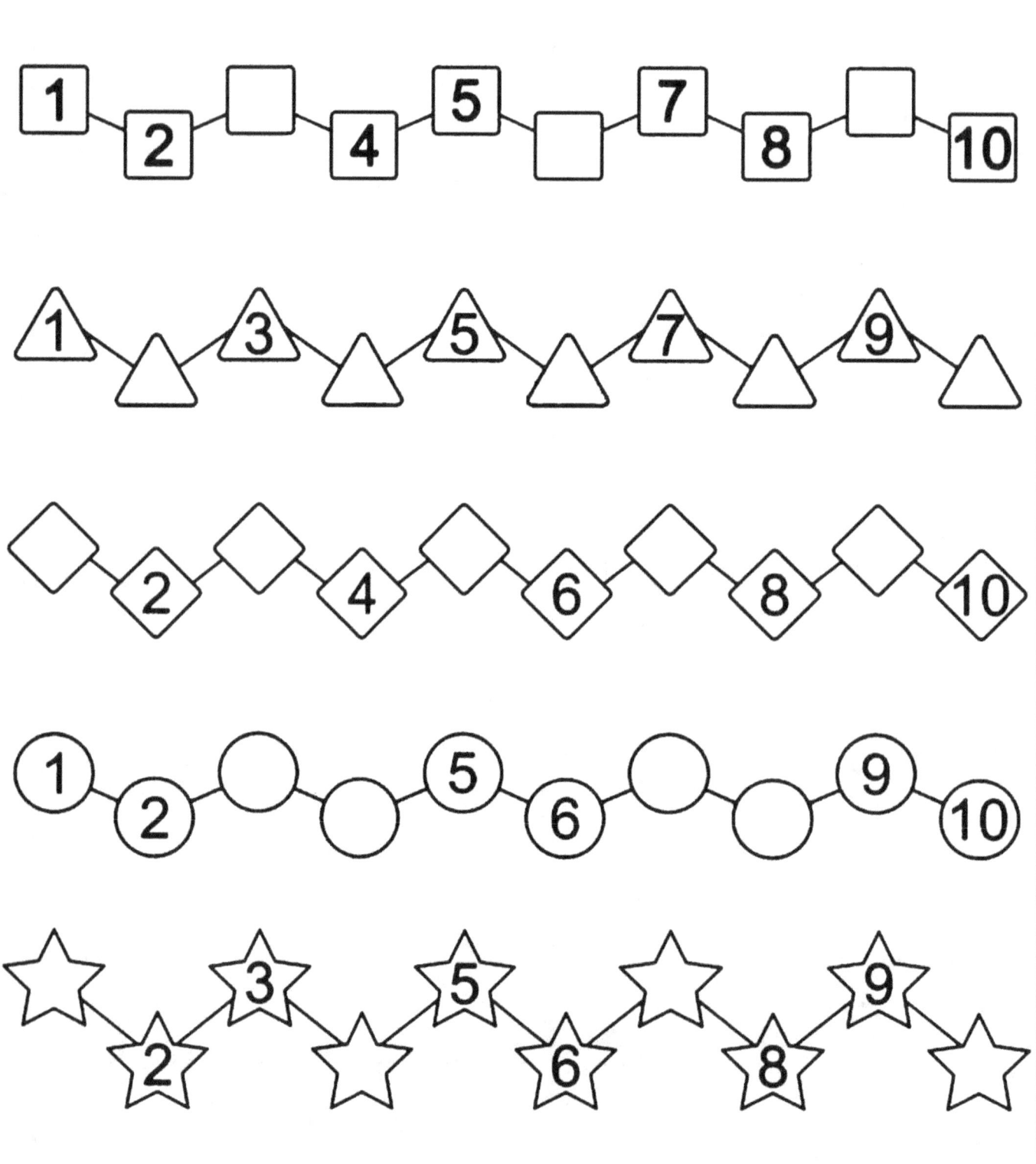

Fill in the missing numbers:

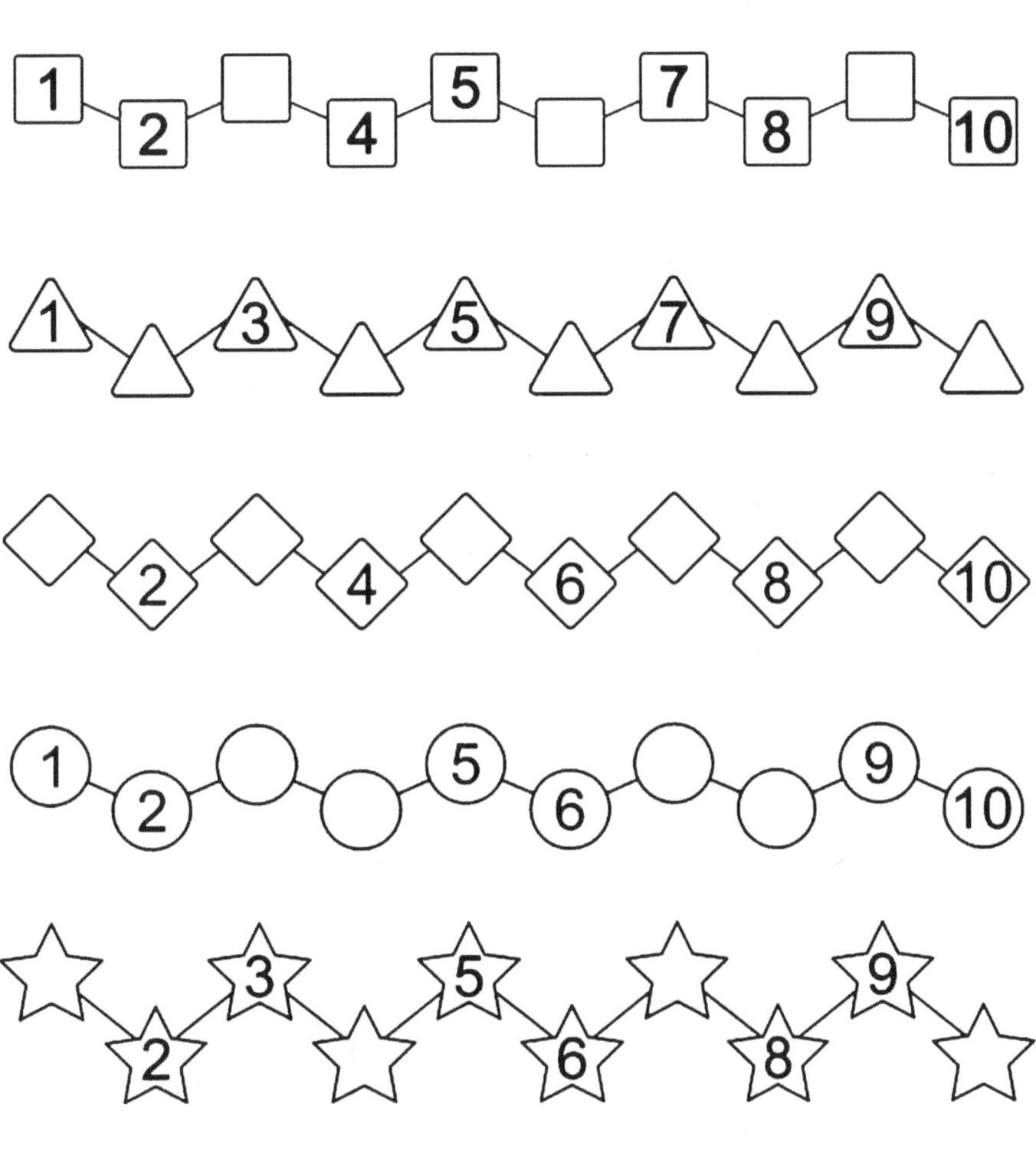

Write missing numbers:

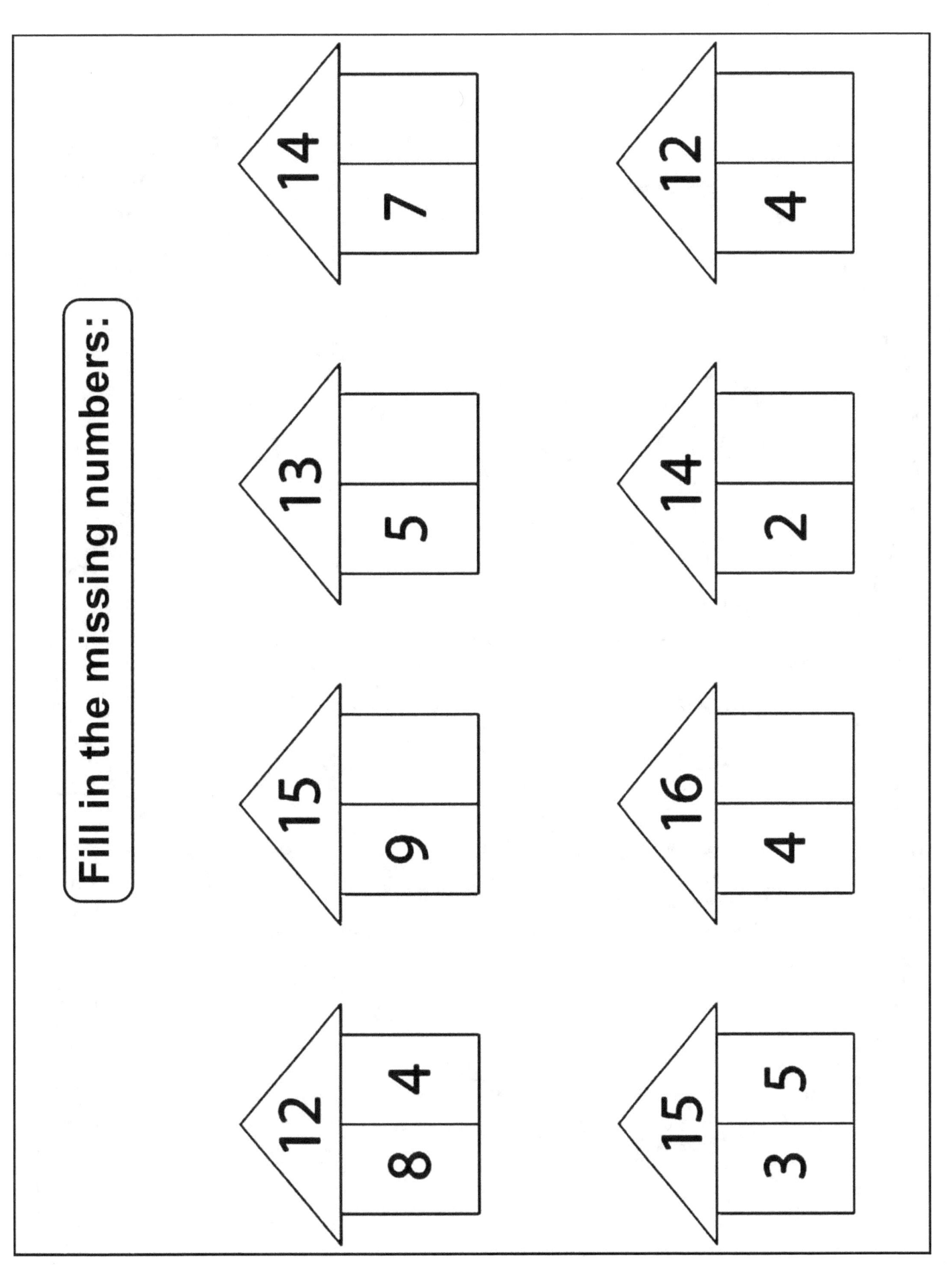

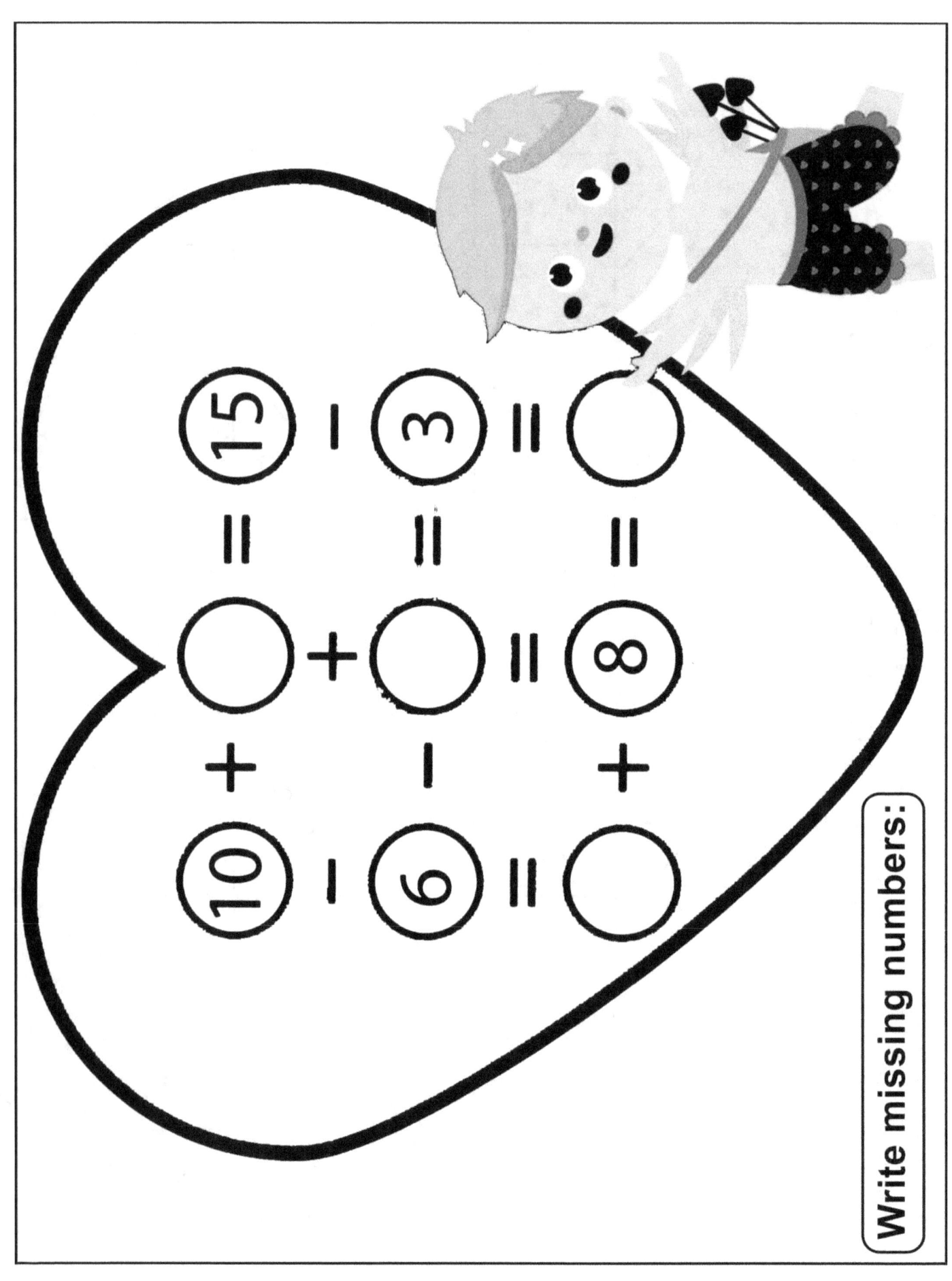

Write missing numbers:

www.ingramcontent.com/pod-product-compliance
Lightning Source LLC
Chambersburg PA
CBHW081434220526
45466CB00008B/2389